小达尔文
自然科学馆
④

"小猎犬"号
科学考察记

〔英〕查尔斯·达尔文 著　王媛 译

U0225658

中国妇女出版社

图书在版编目（CIP）数据

"小猎犬"号科学考察记/（英）查尔斯·达尔文
(Charles Darwin) 著；王媛译. --北京：中国妇女出
版社，2017.4

（小达尔文自然科学馆/马丽主编）

ISBN 978-7-5127-1409-0

Ⅰ.①小… Ⅱ.①查… ②王… Ⅲ.①自然科学—科
学考察—世界—青少年读物 Ⅳ.①N81-49

中国版本图书馆CIP数据核字（2016）第304049号

"小猎犬"号科学考察记

作　　者：〔英〕查尔斯·达尔文　著　王媛　译
策划编辑：应莹
责任编辑：王琳
封面设计：尚世视觉
责任印制：王卫东
出版发行：中国妇女出版社
地　　址：北京市东城区史家胡同甲24号　　邮政编码：100010
电　　话：（010）65133160（发行部）　　65133161（邮购）
网　　址：www.womenbooks.com.cn
经　　销：各地新华书店
印　　刷：北京中科印刷有限公司
开　　本：170×235　1/16
印　　张：20.25
字　　数：300千字
版　　次：2017年4月第1版
印　　次：2017年4月第1次
书　　号：ISBN 978-7-5127-1409-0
定　　价：38.00元

写给热爱自然科学的小学者

1859年，《物种起源》问世，它打破了人们对物种来源的认识，彻底颠覆了"神创论"和"物种不变论"。这本被人们誉为改变自然科学史的惊世巨著，由英国著名博物学家查尔斯·达尔文撰写。人们惊叹于他的观察力、逻辑分析能力与推理能力，对他书中涉及的大量实例感到十分好奇。人们不知道，书中大部分实例都来自达尔文年轻时的一段考察经历。

1831年，22岁的达尔文有幸乘坐"小猎犬"号对南半球，尤其是南美洲进行科学考察。在这次旅行中，达尔文从英国出发，途径佛得角群岛，抵达南美洲东海岸，并在该洲的各个国家进行植物学、动物学和地质学的考察。之后，他乘船经南美洲最南端到达西海岸，并在那里继续考察。在告别南美洲后，"小猎犬"号一路前行来到加拉帕戈斯群岛，接着又途径塔希提、新西兰来到澳大利亚，再沿着澳大利亚的南岸行驶到霍巴特。绕过澳大利亚后，"小猎犬"号进入印度洋，取道非洲好望角进入北大西洋，于1836年10月回到英国。

此次旅行耗时将近5年。其间，达尔文考证了当时已有学说，并对一些未解之谜进行了思考与推理。他发现，"神创论"并不能解释自己在物种上观察到的一些现象，而且如果世间万物都是由上帝分别创造出来的，那么上帝的工作未免过于繁重了。这也促使他回国后潜心研究这些未解之谜，并最终创作出《物种起源》。

当然，达尔文回国后的第一件事是整理此次旅行的日记、笔记和一些测量数据，并出版了这本《"小猎犬"号科学考察记》。本书一经推出便受到广大读者的欢迎。此次，我们选取其中的精彩情节，并配上相关插图，作为《物种起源·物种神奇进化》《物种起源·大自然的谜题》《物种起源·地质大变迁》的一个扩展阅读，一并收录到"小达尔文自然科学馆"系列丛书中。希望小读者在阅读完本套丛书后，能对达尔文学说有一个整体的认识，成为博物学小达人。

编者

2017年2月

自　序

在本书的第一版序中，我曾提到过，费茨·罗伊船长想找一位通晓博物学的人随船进行科学考察，食宿费用可以从他的差旅费中扣除，于是我主动请求参加。承蒙水道测量家博福特上校的好心推荐，并且在征得了海军部同意的情况下，我才得以游历南半球，考察当地的自然环境。当然，这一切还要归功于费茨·罗伊船长。在和他朝夕相处的5年里，我得到他热情友好的帮助。"小猎犬"号上的其他军官也在此次长途旅行中给予我诸多扶持，在此向他们表示衷心的感谢！

本书的记录以日记的形式呈现，其中既有航海历程，也有我对自然环境和地质学所做的观察概要。这些也许能引发普通读者的兴趣。为了让这本书更适合一般人阅读，我压缩和更正了一些章节，并对有的章节做了恰如其分的补充。不过，我认为，博物学家要想了解此次科学考察的成果，应该参考其他充满大量细节的著作。

我出过几本书，其中有《珊瑚礁的构造和分布》《"小猎犬"号航行期间

达尔文说　趁此机会，向"小猎犬"号船上的医生拜诺先生表示感谢。在瓦尔帕莱索停留期间，我大病一场，因他的悉心照料，才得以痊愈。

曾访问过的火山岛》以及《南美洲的地质学》。《地质学会会报》第六卷收录了我的两篇论文，主题为"南美洲的漂石与火山现象"。关于此次旅行采集到的昆虫，沃特豪斯、沃克、纽曼以及怀特四位先生已发表过数篇颇有见地的文章，相信之后也会有人继续研究。对于南美洲的植物，胡克博士在其巨著《南半球的植物》中说得非常清楚。他的考察记录《加拉帕戈斯群岛的植物》发表在《林奈学会会报》上。我在基林群岛采集的植物标本，已由亨斯娄教授整理成册，并得以出版；而我采集的隐花植物标本，则由伯克利牧师代为描述。

在编写本书及其他作品时，我得到过多位博物学家的大力支持，在此一并表示诚挚的感谢。其中，我要特别感谢亨斯娄教授的帮助。我在剑桥求学时，受亨斯娄教授的启发和引导，对博物学产生了浓厚的兴趣。在我航行期间，他一边整理我寄回去的标本，一边写信指导我的考察。我归来以后，他也不断地给予帮助。得此良师益友，让我终身受益！

达尔文

1845年6月9日

唐恩，布罗姆利，肯特郡

目录

Chapter 4　布兰卡港

Chapter 5　从布兰卡港到布宜诺斯艾利斯

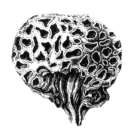

Chapter 9　麦哲伦海峡：南部海岸的气候

Chapter 10　智利中部

Chapter 11　奇洛埃岛与乔诺斯群岛

Chapter 15　塔希提岛和澳大利亚

Chapter 16　基林群岛：珊瑚礁的构造

Chapter 17　从毛里求斯到英格兰

Chapter 1

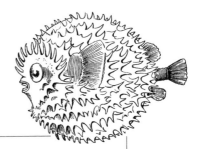

佛得角群岛
——圣地亚哥岛

德文波特：澳大利亚南部岛州——塔斯马尼亚州北部的海港城市。

菲利普·帕克·金（1791～1856），英国探险家，海军上将，曾探索过澳大利亚和巴塔哥尼亚地区。

巴塔哥尼亚：位于南美洲大陆的南端，由广阔的草原和沙漠组成，有着独特的地质结构。

火地岛：位于南美洲的最南端。因为航海家麦哲伦首先看到的是当地土著居民在岛上燃起的一堆堆篝火，于是将此岛命名为"火地岛"。

特内里费岛：位于非洲西北部大西洋，是加那利群岛中的一座岛屿，属于火山岛。

大加那利岛：加那利群岛中的一座岛屿。

佛得角群岛：位于非洲西部大西洋上，属于火山群岛。

1831年12月27日，由英国皇家海军军官费茨·罗伊船长指挥的"小猎犬"号双桅横帆船，布有十门大炮，从德文波特起航。但开始的两度扬帆，它都被西南风吹回起点。此次航行是为了完成金船长在1826年到1830年未能完成的任务，继续勘察巴塔哥尼亚和火地岛，并考察智利、秘鲁及一些太平洋岛屿，还需在环球航行时进行连续的经度计算。

1832年1月6日，我们的船抵达特内里费岛，但当地人怕我们带来霍乱，拒绝我们上岛。翌日清晨，在船上看到朝日从大加那利岛起伏的轮廓中跃然升起，把特内里费岛的山巅照得透亮，而山峰的下半部分还隐藏在云层中。这样的美景让人终生难忘。1月16日，我们的船来到佛得角群岛最大的岛——圣地亚哥岛，从普拉亚港登陆。

圣地亚哥岛

从海上眺望，普拉亚港附近杳无人烟。过往喷发的火山，再加上热带骄阳似火，使这里多数地区都没长什么植物。此地地形呈阶梯状，逐渐升高，形成一些没有平顶的锥形山峰，远处则是连绵起伏的高山，可见此处地貌没有任何规律。在热带气候里眺望这一景象，更加触目惊心。刚经海上来到此地的人，第一次徜徉在椰子树下，必然满心欢喜。一般来说，见过这个岛的人都会觉得它乏味无趣，但是对于习惯了英国庸俗景观的人来说，这片贫乏的不毛之地却别有一番新奇的粗犷美。在这片熔岩平原上，绿叶植物罕见，却有大群的牛羊。终年少雨，但一下雨就是倾盆大雨，之后便会有植物的嫩芽从石缝中生长出来，不过很快就会枯萎。这里的动物已然习惯以干草为食。现在已经一整年没下雨了。

人们刚发现圣地亚哥岛时，普拉亚港那一带还绿树成荫，后来因当地居民随意砍伐，使得岛上寸草不生。同样的情况也发生在 圣赫勒拿岛 和加那利群岛上。圣地亚哥岛地势宽阔平坦的河谷里，生长着无叶灌木，这里仅在下雨的几天中充当河道。河谷中的动物稀少，

达尔文说　帝芬巴赫博士翻译的《考察日记》德文第一版写着，普拉亚港绿树成荫。

圣赫勒拿岛：位于非洲西岸南大西洋中，属于火山岛。

最常见的鸟类是翠鸟，它们隐藏于蓖麻茎上捕猎蚱蜢和蜥蜴，颜色鲜艳，但不如欧美的翠鸟漂亮，在飞行姿态、生活习性和栖息地偏好干旱山谷等方面，也与欧洲翠鸟大为不同。

海兔

在此地停留期间，我观察了一些海洋生物的习性，其中有一种个头很大的海兔。这是一种海蛞蝓，长约13厘米，全身土黄色，身上有紫色的条纹，身体下面有假足，两侧有宽阔的膜，有时会发挥风扇的作用，使水流流向背部的鳃或者肺。它们生活在浅水滩的石缝里，以那里生长的软嫩海草为食。在它们的胃里，我发现了几粒小石头，这跟我在鸟类的砂囊里找到的石头一样。此类海兔一旦遇上外界干扰，便会排出一股紫红色液体，使周围30厘米的水域染色。除了这种防御方式，它们还会分泌一种酸性物质，其他动物碰到后会有种被蜇了的感觉。

章鱼

我颇有兴致地多次观察了章鱼的生活习性。这种动物经常出没于退潮后的水坑里，不过不容易捕捉。它们依靠长臂和吸盘，把身体缩进狭小的缝隙中。一旦钻入其中，再想把它们弄出来，可得费一番力气。有的时候，它们会突然摆动触手，如离弦之箭，从水洼的一边冲向另一边，同时把水洼搅成栗褐色。这种动物还有一种奇特的本领，可以像变色龙一样改变身体的颜色，借此瞒天过海。它们可以随着所经水域来改变颜色，在深水中，身体呈紫褐色，到了浅水或者陆地上，又变成黄绿色。经过一番仔细观察，才能看出它们身体本来的颜色。这是一种法兰西灰，上面点缀着无数明亮的小黄点。灰色深浅不一，斑点或隐或现。变色的过程仿如彩云掠过，身体呈现各种颜色，从风信子的红色到栗褐色，种类繁多。它们身体的任何部分，一旦遭遇电流的刺激，都会变得黝黑。用一根针

达尔文说 关于这种章鱼具体可参看《解剖学与生理学词典》中有关头足纲的内容。

去刺它们的身体，也会发生同样的变化，只是颜色没有那么深。它们身体上的这些色斑，或者也可以称作色晕，据说是由颜色不同的细小囊泡交替扩张和收缩而形成的。

这种章鱼在水底游动或潜伏时，会展示变色的能力。其中有一只章鱼，为了躲避我长时间的观察，施展各种本领，真是有趣。它似乎对我的观察了如指掌，开始时纹丝不动，再悄悄前进几厘米，好像猫捉老鼠一般，然后改变身体颜色，再慢慢地向前，等到进入深色水域后，突然加快动作，释放墨汁，遮住自己将要进入的洞穴。

在观察海洋生物时，我的脸离海面只有几十厘米，所以常被喷上来的水打中，同时还能听见窸窸窣窣的声响。一开始我不清楚这是怎么回事，后来才发现原来是这种章鱼躲在洞中发出的声响——它最后还是被我找到了。毫无疑问，它能够喷水。我觉得，它是通过控制身体下面的吸盘，来瞄准目标的。这种生物要想把头部竖起来，非常困难，所以在地面上爬行时很艰难。我曾抓到过一只章鱼，把它养在船舱内，在黑暗中可以看到它发出的粼粼微光。

圣保罗岩

1832年2月16日早晨，在横穿大西洋时，我们的帆船停靠在圣保罗岩附近。这是一座由岩石组成的岛屿，位于北纬0°58′，西经29°15′，离南美洲海岸约870千米，距费尔南多·迪诺罗尼亚群岛约560千米。该岛仅高出海平面15米，周长不过1000多米。这块岩石在大海上显得十分突兀，其上含有多种矿物质。有些部分是燧石，有些部分却是长石，带着细密的蛇状纹理。

塞舌尔群岛：位于马达加斯加以北、远离非洲东海岸的西印度洋上，由92座岛屿组成。

到这儿之后，我发现一个显而易见的事实，即在太平洋、印度洋以及大西洋中，远离大陆的岛屿大部分都是由珊瑚礁或者火山喷发物构成的，而 塞舌尔群岛 和这座小岛则是例外。那些岛屿从外观看遍布火山喷发物，显然是这一事实的佐证。而且，无论是化学还是力学的原因，都导致大量的活火山要么分布在海岸线上，要么成为海洋中的岛屿。

岩石上的附着物

从远处看，圣保罗岩呈明亮的白色。这是因为岛上有大量的海鸟粪便，还有一层散发着珍珠光泽的坚硬物质，覆盖在岩石表面。用放大镜观察，会看到这种物质分为许多小薄层，加起来有0.25厘米那么厚，里面含有许多动物性物质，肯定是雨水或者海浪冲击鸟粪而形成的。我曾在阿森松岛：位于南大西洋，包括一座主岛以及若干附属礁岩，属于火山岛。

阿布罗柳斯群岛：位于澳大利亚西北部，由100多座岛屿组成，属于珊瑚岛。

阿森松岛以及阿布罗柳斯群岛的一些鸟粪岩下，发现过一种树枝状钟乳石，与该岛岩石上的白色坚硬物质形成的原因相同。

这些树枝状物质看起来很像某种珊瑚藻（一种含有坚硬钙质的海洋生物），于是我匆忙查看珊瑚藻标本，竟没有发现两者的差别。树枝的一端质地犹如珍珠，又像牙釉质，比玻璃更为坚硬。

说到这里，我想起阿森松岛上的一些海岸上堆满了贝壳砂，由于潮水不断地拍打，它们在岩石上形成一层硬壳，很像潮湿墙壁上生长出的隐花植物（地钱属）。坚硬的叶状体表面光滑美丽，完全暴露在阳光下的部分呈明亮的黑色，在阴暗处的部分则呈灰色。

我曾经给几个地质学家看过这种附着物，他们都认为是火山运动形成了这种物质。从硬度、光滑度和色泽来看，这种物质很像美丽的榧螺；从散发的臭味以及用吸管吹吹就会褪色来看，这种物质又很像现存的海生贝类。除此之外，我们知道，海生贝类被套膜遮挡的部分，比暴露在阳光下的部分，通常更显浅淡，而这种附着物也是如此。另外，所有生物体内的坚硬部分，如贝壳和骨头，都含有钙质或者磷酸钙、碳酸钙。

综上所述，这种物质具有非常有趣的生理学现象：比牙釉质更为坚硬；有着绚丽的表面，比任何贝壳都光亮；通过无机的方式，由死去的有机物构成；与较低等级的植物形态十分类似。

鸟 类

在圣保罗岩上，只有两种鸟——鲣鸟和黑燕鸥。鲣鸟与塘鹅具有亲缘关系，而黑燕鸥是燕鸥的一种。这两种鸟性情都很温顺，甚至有些呆头呆脑，从不提防人类，用地质锤随便一敲，就能敲死好几只。鲣鸟在光秃秃的岩石上产卵，而黑燕鸥则用海草筑起简陋的巢。在这座小岛上，我们可以看到，很多巢旁边都摆着一种小飞鱼，我估计这是雄鸟为雌鸟抓的。岩石的缝隙中还栖息着许多大螃蟹，趁雌鸟被我们惊扰而飞走之时，偷走了巢边的小鱼。曾经来过这座小岛的 威廉·西蒙兹爵士 告诉我，他还看到过这些大螃蟹拖走并吃掉了巢里的幼鸟。

昆虫与蜘蛛

这座小岛上寸草不生，就连青苔也没有，然而却生存着几种昆虫和蜘蛛。具体来说，这些昆虫是：寄生在鲣鸟身上的虱蝇；一种蜱虫，肯定是附着在鸟身上，从而来到这里的；一种棕色的小蛾子，以羽毛为食；生活在鸟粪底下的一种甲虫和一种潮虫。另外还有好多蜘蛛，我想它们是以水鸟身上的寄生虫和水鸟尸体为生。人们常说，太平洋中的珊瑚岛形成后，先有高大笔直的棕榈树和其他美丽的热带植物，再有鸟类和人类。这样的说法不太正确。事实可能会让人兴趣索然，即这些新形成的岛屿上，应该先有海鸟，再有以羽毛和粪便为生的寄生虫和蜘蛛。

刺鲀

在热带海域中，再微小的岩石都能给无数的海藻和许多动物提供栖息地，同时也可以维持很多鱼类的生活。渔民经常与鲨鱼争抢上钩的小鱼。听说，百慕大群岛附近有一座小岛，远离海岛数千米，入海颇深，其当初正是因为附近有鱼类活动而被发现的。

百慕大群岛：位于北大西洋，距北美洲900多千米，由7座主岛及150余座小岛和礁群组成，呈鱼钩状分布，属于珊瑚群岛。

我还曾观察过刺鲀的生活习性，很有意思。有一天，我们游完泳回到岸边时抓到一条刺鲀。这种鱼非常奇特，皮肤松弛，可以膨胀成球形。从水中捞出后，再放回水里，它们就用嘴或者鳃孔汲取大量的水和空气，从而使身体膨胀。膨胀过程具体分为两种：一种是吞入空气，再把空气压进体腔，同时收缩外侧的肌肉，防止空气倒流；另一种是把嘴张大，身体不动，水流就会慢慢流入体内。整体来讲，膨胀身体的过程是需要一抽一吸来完成的。比起背部，它们腹部的

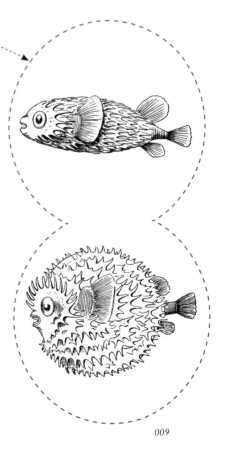

皮肤更为松弛，所以在膨胀时下面比上面扩张得更厉害。因此，它们在海上漂浮时，腹部向上。

居维叶 曾质疑，刺鲀处于这一姿势时是否还能游动。通过观察，我了解到，它们不但能游直线，还能转身。转身依靠的是胸鳍的帮助。它们的尾巴没有力量，毫无用处。体内只要充满空气，就可以浮起来，鳃孔也会随之露出水面，但是用嘴吸入的水，也会从鳃孔排出。

乔治·居维叶（1769～1832），法国动物学家、地质学家，比较解剖学和古生物学的奠基人。

这种鱼变成球形后，不久就会从鳃孔排出空气和水。至于排出多少水，就完全随它们自己了。由此可以看出，刺鲀吸水的一个目的也许是调节自身的比重。这种鱼的防御方式有几种：使劲咬敌人一口；用嘴部喷水，同时通过活动下巴来制造声响；身体膨胀时，表面的小刺会竖立起来，威吓敌人；等等。其中最奇特的是，如果用手抓刺鲀，其腹部会分泌一种极为漂亮的朱红色纤维状物质。这种物质可以让象牙和纸张染色，且永不褪色。我当初用其来染色的东西，直到现在依然保持原始色泽。我完全不清楚这种物质的性质和用途。

我曾听福里斯的艾伦博士说，他常在鲨鱼体内发现活着的刺鲀，并且还在膨胀和漂浮着。好几次，他发现刺鲀不仅咬烂了鲨鱼的胃壁，还咬穿了鲨鱼的肚子，最后咬死了鲨鱼，从其体内跃出。谁能想到这样一条小鱼竟能摧毁如此彪悍的鲨鱼呢？

黄丝藻

1832年3月18日，我们的船从巴伊亚起程。几天后，在距离阿布罗柳斯群岛不远处，我发现一片红棕色的海面。用望远镜看去，海面上仿佛覆盖着一层切碎的干草，断面长短不一。这是细小的圆柱形黄丝藻，成排地挨在一起，每组有20～60个。伯克利先生跟我说，它们和红海上的黄丝藻属于同一个品种，即红海束毛藻，而红海也因为这种藻类的颜色得名。黄丝藻数量庞大。我们的船曾经过好几片覆满黄丝藻的海域，其中有一片水域宽约9米，长至少4千米，远远望去，海面已变成泥土般的颜色。

巴伊亚：位于巴西东北部，东临大西洋。

每一份远航报告都会提及这些黄丝藻，其中澳大利亚附近的海域最为常见。在卢因角附近，我发现一类具有与黄丝藻相似外观的生物。库克船长在第三次航行的报告中提到，他手下船员把黄丝藻叫作"海上锯末"。我在印度洋的基林环礁附近，曾看到过大量重叠成几平方厘米大小团块的黄丝藻群。其中，每个黄丝藻的外观都是长长的圆柱细丝，肉眼几乎看不出来，但也有较大的个体。通过观察可以看出，黄丝藻细胞两端呈锥

卢因角：位于澳大利亚西南角。

詹姆斯·库克（1728～1779），英国探险家、航海家、制图师和皇家海军船长。他曾经三度奉命出海前往太平洋，带领船员成为首批登陆澳大利亚东岸和夏威夷群岛的欧洲人，也创下了欧洲船只首次环绕新西兰航行的纪录。

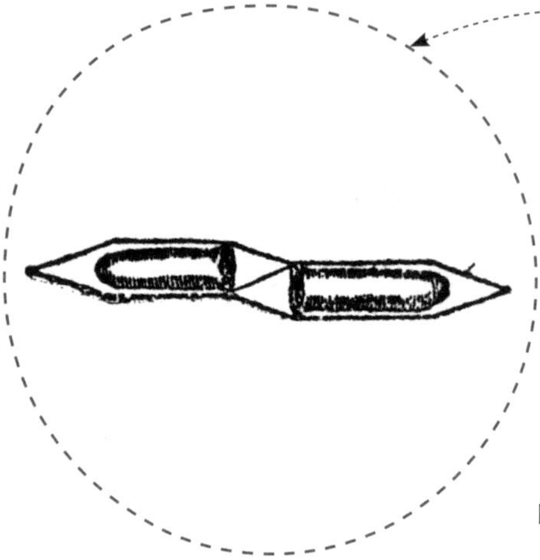

形，彼此如 图 显示的那样衔接在一起。每个黄丝藻细胞长度从0.1厘米到0.15厘米不等，个别甚至长达0.2厘米；直径从0.015厘米到0.02厘米不等。中间圆柱状的一端，有一个绿色的膈膜，其中间厚两边薄。我本以为这是一个柔软、透明的小囊的底部，由颗粒状物质构成，沿着外部延伸至圆锥部分的底端。在有的标本中，一种浅褐色的颗粒物质取代了膈膜。我还颇有兴趣地观察到这种浅褐色颗粒物质形成的过程：内层的颗粒物质突然分裂成线状，这些线又构成以一个中心向外辐射的形状；之后，通过一阵杂乱无章的快速运动，这些线持续收缩，在一秒内组成一个小圆球，在空空的细胞内占据了膈膜的位置。任何意外伤害都会加速小圆球的形成。另外，一对这样的小圆球常会出现在两个圆锥体相接的一侧，就像上图显示的那样。

Chapter 2

里约热内卢

1832年4月4日，我们抵达里约热内卢。之后几天，我结识了一位英国同乡，他邀请我一起去岸上的一处庄园做客。我欣然前往。

吸血蝙蝠

我们离开海岸之后，进入一片森林。林中古树参天，蔚为壮观。跟欧洲树木不同的是，这里树的树干都是白色的，尤其引人注目。我翻看了当时的日记，里面写有这样一句话："寄生植物开着美丽而奇特的花。"由此可见林中绮丽的景象。我们继续向前走，穿越大片草原。草原上，巨大圆锥形蚁穴丛生，严重破坏了草地的形态。这些蚁穴突兀地矗立着，外形有些类似 洪堡 绘制的

亚历山大·冯·洪堡（1769~1859），德国著名博物学家、自然地理学家和旅行家。

左鲁洛喷泥火山。在连续骑行了10小时后，赶在夜幕降临前，我们终于抵达英吉诺多。

在整个行程中，我惊讶于马匹繁重的工作，以及它们的吃苦耐劳。与英国马相比，南美洲本地马受伤后恢复的速度相当快。吸血蝙蝠总是叮马肩隆起的地方，实在可恨。失血带来的伤害不太严重，但是叮咬的地方经过马鞍的不断摩擦，会变得红肿发炎，马匹也因此无法继续工作。不久前，在英国，曾有人质疑是否有能吸血的蝙蝠，而我恰巧观察到有人在马背上逮到一只吸血蝙蝠。

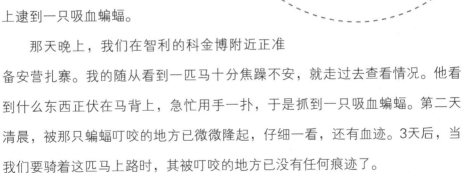

那天晚上，我们在智利的科金博附近正准备安营扎寨。我的随从看到一匹马十分焦躁不安，就走过去查看情况。他看到什么东西正伏在马背上，急忙用手一扑，于是抓到一只吸血蝙蝠。第二天清晨，被那只蝙蝠叮咬的地方已微微隆起，仔细一看，还有血迹。3天后，当我们要骑着这匹马上路时，其被叮咬的地方已没有任何痕迹了。

农业与奴隶制

1832年4月13日，又走了三天后，我们抵达索西果。这里是曼努埃尔·菲格雷德先生的领地，他是我们其中一位同行者的亲戚。他的房屋看上去像谷仓，非常简陋，但是与这里的气候相得益彰。刷成白色的墙壁，茅草覆盖的屋顶，再加上没有玻璃的窗户，形成一种别具特色的风格。房屋与谷仓、马厩和黑人们的手工作坊构成一个四合院，院子中间晒着一大堆咖啡豆。房屋建在小山丘上，可以俯瞰周围的农田，农田旁边则是茂密的森林。这一地区的主要作物是咖啡，其中每棵咖啡树每年大约能产1千克咖啡豆，产量高的树能达到4千克。此外，这里也种植了不少 木薯 。这种植物浑身是宝：茎和叶可以喂马，根经过压榨和烘烤后可以制成木薯粉，是巴西人的主要粮食。不过，令人感到奇怪的是，木薯的汁液里含有剧毒。几年前，就在这里，有一头母牛因舔了树上渗出的汁液而中毒死亡。

据菲格雷德先生说，一年前，他种了1袋 费让 和3袋稻谷。结果，费让收了80袋，而稻谷收了320袋。这里的草场肥

费让：巴西人对当地特产的黑豆及芸豆等豆类的总称，是巴西人生活中不可缺少的粮食作物。

沃，足以养活一大批家畜。森林里野味众多，在我们来的两三天前，他就逮到了一头鹿。食物的丰盛，尽现在晚餐中。各式菜肴即便没有压坏餐桌，也撑坏了客人的胃。因为每上一道菜，菲格雷德先生都要我们吃一口。我琢磨着总算把所有的菜都尝遍了，正想喘口气的时候，又上了一道烤火鸡和一道烤乳猪，热气腾腾地摆在桌子上，我的心情马上沮丧起来。吃饭时，由于时不时地会有几只老狗和几十个黑人小孩溜进来，所以屋内设了专门的人负责赶走他们。抛去奴隶制的弊端不谈，这种舒适的生活方式，有时候也挺令人向往，仿佛生活在桃花源中。要是有陌生人进入领地，农场里的人会敲响大钟，燃放礼炮，告诉山石和森林，因为除此之外，也没有什么对象可以告知了。

早上日出前的一小时，我出门散步，独自欣赏山林的静谧之美。突然，安静的氛围被歌声打破，这是黑人在进行晨间祷告，他们通常以此开启每天的生活。毫无疑问，在这片领地里，黑奴们过着心满意足的日子。到了星期六和星期天，他们可以干自己家的活。在这宜人的气候下，两天的田间劳动就可以负担一个家庭一周的开销了。

1832年4月14日，我们离开了索西果，前往另一个庄园。这个庄园位于里奥马卡埃，是我们此次旅行中路过的最后一块田地。这个庄园长约4千米，至于宽度，连庄园主自己都搞不清楚。开垦过的田地虽然只有一小块，但每一寸都是肥沃的土壤，适宜种植各种热带作物。巴西幅员辽阔，开垦过的耕

地只占一小部分，大多数的土地都处于原始自然的状态。如果将这部分土地也开垦出来，将能养活很多人。

第二天，我们走上一条人迹罕至的道路。路上藤蔓丛生，非得用刀砍断才能继续前进。森林里遍布好看的植物，这其中以树蕨最为美丽。树蕨虽不太高大，但其翠绿的叶子弯曲的弧度十分讨人喜欢。晚上，一场大雨突至，虽然温度在18℃左右，但令人感觉十分寒冷。雨停后可以看到森林中蒸腾的水汽，山丘30多米以下的部分都笼罩在一团白雾中。这些水汽犹如烟柱，在森林的深处袅袅升起，将山谷染成白茫茫一片。这样的状况，从出行以来，我见过好几次了，估计是由于树木巨大的树冠被阳光晒得发热，一旦有雨水落下，便会急速地蒸发所致。

在抵达里奥马卡埃庄园后，我们停留了几天。这期间，我目睹了一个仅在奴隶制国家才会发生的暴行。这里的奴隶主因纠纷而要和人打官司，并想把三十多个奴隶家庭中的妇女和儿童都送到里约拍卖。最后考虑到运输奴隶的费用，而不是因为同情奴隶，他才取消计划。多年以来，这些奴隶家庭都在一起生活，真不敢相信奴隶主居然想让他们骨肉分离。也许奴隶主在人品和德行方面并不比普通人差，但他们习惯了追逐利益，只关心自己的私利。

还有一件事虽然很小，但在当时却带给我极大的触动。彼时，我正带着一个黑奴过渡口。这个黑奴非常蠢笨，为了让他清楚地了解我所说的话，我提高嗓门，并不时地比画着一些手势。我的手无意中碰到他的脸，他居然以为我要打他，脸色马上一变，眼睛半闭，双手垂落。一个强壮的男人，在误认为要挨巴掌的瞬间，竟然不知要躲开。人的灵魂已被奴化到如此程度，甚至还不如连话都不会说的牲畜。

热带雨林

1832年4月18日，在返程的途中，我们又在索西果多停留了两天。在这两天里，我去森林里采集了昆虫的标本。林间树木茂盛，虽然很高，但直径只有0.9米~1.2米，当然也有一些粗壮的大树。菲格雷德先生用一棵高约33米且粗壮的树，做了一条长约21米的独木舟。挺拔的棕榈树，在众多的树木中，尤其显眼，充满热带风情。森林里有一些 菜棕 ，这是棕榈

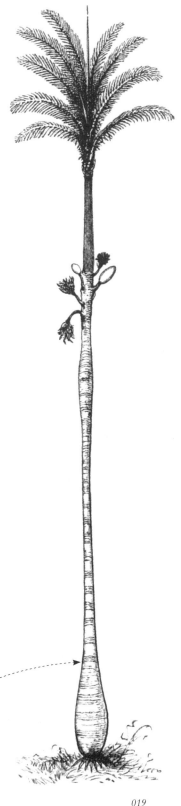

树中最美的一类。它们的树干虽细却长，树冠长在12米~15米的高处，遇到风后，摆动的样子十分优雅。这些木本攀缘植物，树茎上又缠绕着其他攀缘植物。

我曾测量过其中几棵菜棕，有的直径约为0.6米。还有许多古老的大树，树枝上垂挂着藤萝，像女人的头发，又像一堆堆的干草，样子十分奇特。往下看地面，会发现蕨类和含羞草类的植物，枝叶细小可爱。在林中的某些地方，地面被含羞草类的植物覆盖，形成一种只有几厘米高的灌木丛。人穿行其中，灌木丛就会随之留下一条长长的痕迹。这是由于它们的枝叶非常敏感，一被碰触，就会自动收缩。这种景致令人难忘，要是用语言描述出来，也不会很难，然而我心里的惊叹、震撼和挚爱之情，却只可意会不可言传。

陆生真涡虫

抵达里约热内卢之后，我住在博托弗戈湾的一个村子里。能在一个风景如画的地方住上几星期，真是一件让人心旷神怡的事。在英国，喜欢博物学的人，在散步时总会发现一些小东西。而在这一片富饶的土地上，吸引人的东西要比英国多得多，所以我在散步时会不断停下脚步，有时甚至无法前行。

在这里，我的观察主要集中在一些无脊椎动物身上。其中有一种生活在旱地上的动物引发了我的兴趣。它们属于真涡虫属，构造非常简单，所以居维叶把其当成一种肠道寄生虫，虽然从来没有在其他动物体内发现过它们。真涡虫属的种类大都生活在淡水或咸水中，只有这一类生活在树林里相对干燥的地方，居住在腐烂的木头下面，并以此为食。从外表看，它们很像蛞蝓，但更为细小，有的身上还带有鲜艳的竖条纹。它们身体下面，就是用来爬行的那一面，腰腹部有两个小横沟，前面的沟里有一个漏斗形的口器，能够伸出来，十分敏感。有时候，这种真涡虫因盐水或者其他原因死亡后，这个口器仍能保有很长时间的活性。

在南半球的不同地方，我发现了12种不同类别的 陆生真涡虫 。

在 范迪门地 ，我用腐烂的木头喂养过一些真涡虫。我将其中的一只拿出来，从中间切成两段，过了两个星期，这两段都长成完整的虫体。不过，有几只由于我切得不太均匀，使

范迪门地：位于澳大利亚南部，现称塔斯马尼亚。

它们其中一部分带着腹部的两个小横沟，而另一部分什么也没有。25天后，有两个小横沟的部分长成了完整的虫体，和其他真涡虫并无区别，而另一部分也明显长大很多，靠近尾端的柔软组织形成一个刚刚发育的杯状口器，但在其腹部没有发现小横沟。要不是由于当时我们离赤道很近，炎热的天气杀死了所有的真涡虫，我相信这些一分为二的部分都能长成完整的虫体。虽然这个实验已为众人所知，但观察结构简单的个体慢慢长出重要器官，让人兴趣盎然。真涡虫很难长久生存，一旦生命终止，它们的身体会变成柔软的液体，变化之迅速，让我瞠目结舌。

一位上了年纪的葡萄牙牧师带着我去打猎，使我第一次来到这片发现真涡虫的森林。那次，我们带了几只猎犬，埋伏在某个地方。我们一发现动物就开枪。同去的还有一个农夫的儿子，是个典型的野蛮巴西青年。他穿着破烂的衣服和裤子，戴着帽子，背着一支老旧的枪，手拿一把刀。当地人有随身带刀的习惯，因为人们在丛林间穿梭时，需要用刀斩断藤蔓。这种习惯导致当地杀人案件频发。巴西人用刀的技术都很熟练，他们能把刀扔出很远，并一击即中目标，力量足以杀死一个人。我曾见过一群巴西小孩，他们把扔飞刀当作一种游戏，可以娴熟地把刀扔到竖直的木棍上，这种技术足以令他们在实战中取胜。这个农夫的儿子，前一天猎杀了两只长尾猴。这种猴子尾巴会卷曲，能够牢牢抓住树枝，即便死亡也不放开，仍把身体挂在树枝上，所以要想把它们取下来，只能把大树砍倒。很快，伴随着一声巨响，大树和树枝上的猴子一起倒下。当天，我们捉到的猎物除了猴子外，还有各种小绿鹦鹉以及几只巨嘴鸟。我的收获还包括与这位葡萄牙籍牧师的结识，后来他还送了我一个细腰猫的标本。

发光昆虫

五六月时，当地正值初冬，气候宜人。监测上午9点和晚上9点的气温，可以发现这里的平均温度只有22℃。这里经常下大雨，不过经干爽的南风一吹，道路马上就会变干。有一天上午连着下了6小时的雨，降雨量有40毫米。当暴风雨来袭时，在科尔科瓦杜山的森林里，雨打树叶的声音震耳欲聋，400米之外都听得一清二楚。

当炙热的白天过去后，闲坐在花园中，看着夕阳西下，暮色渐起，别有一番情趣。在这样的地方，大自然选出的歌手，自然比在欧洲的更为谦和。一种雨蛙属的小青蛙，坐在离水面约2.5厘米高的叶子上，奏出悦耳的蛙鸣。当好几只小青蛙聚在一起时，它们的叫声听上去就像不同声部的大合唱一样。我好不容易才捉到一只这样的青蛙做成标本。它们趾尖有小小的吸盘，令它们在竖直的玻璃板上也能爬行。各种蝉和蟋蟀也伴着蛙鸣，一起发出尖锐的叫声，不过离得远了，也不觉有多刺耳。每天晚上，这样盛大的音乐会一开始，我就坐在花园里侧耳倾听。偶有几只新奇的虫子从眼前飞过，我的注意力便会转移。

傍晚时分，在树篱之间，总能看到飞来飞去的流萤。夜色中，一闪一闪的荧光在两百步之外都能看见。奇怪的是，各式各样能发光的动物，比如萤火虫、叩头虫以及一些甲壳类、水母类、沙蚕类、美螅珊瑚类、火体虫类等海洋动物，所发之光都是明显的绿色。

我在这里捉到的萤火虫与英格兰的萤火虫一样，都属于萤科，而且它们大部分还属于西欧萤火虫属。据我观察，这种昆虫受到刺激后，会发出耀眼的光，但是很快，腹部的发光环就暗下来。其腹部两个环形的纹路几乎是同时发光，不过前面一个发出的光更容易为

达尔文说　这里我要对沃特豪斯先生表示感谢，正是他帮我将这种萤和其他昆虫命了名，并提了很多宝贵的意见。

人所见。发光的物质是一种黏黏的液体，划开虫子的表皮，伤处依然闪着微弱的光，没受伤的地方反而黯淡无光。即便头部和身体分离，腹部的环形纹依旧可以发光，不过亮度有所衰退。倘若用针尖刺激虫子的身体，亮度便会增强。有一次，虫子已死亡24小时，身体还一直在发光。观察这些现象，

可以看出虫子只能短暂地隐藏或熄灭光亮，其他时间皆不能控制地发光。我在潮湿泥泞的石板路上，看到过大量这种萤火虫的幼虫，样子很像英格兰的雌性萤火虫。和成虫不同的是，幼虫发出的光芒十分微弱，稍有刺激，便假装死亡，停止发光，再加以刺激，也不会发光。我曾经养过这种昆虫，它们的尾巴十分特别，可以当吸盘或者附着器官用，还可以储存分泌物，功能多样。我用生肉喂食它们，然后开始观察，它们总用尾巴尖靠近嘴部，分泌出液体，滴到肉上，然后才开始舔食生肉。其尾巴尖多次靠近嘴部，但通常不能顺利地将分泌物送出，而是先碰触颈部，再找到嘴部，动作十分笨拙。

在巴伊亚的时候，最常看到的发光昆虫是一种叩头虫。这种虫子在受到刺激后，会发出更加明亮的光芒。我曾观察这种昆虫的跳跃，好像还没有前人对此做过精准的描述。叩头虫先背部着地，腹部向上，开始跳跃时，头部和胸会后仰，胸骨突出，头靠近翅鞘。然后，它会继续后仰，脊背弯曲如弹簧状，全身重量都放在头部和翅鞘上。最后，它会在绷紧后突然放松，头部和胸部弹起，翅鞘的底部使劲击打地面，一股反作用力会让叩头虫弹跳四五厘米高。在整个跳跃的过程中，胸骨突出的部分和背脊的外部发挥了平衡作用。在我看过的描述中，好像都没有提及脊背的功用。要是没有机械力的帮助，单靠肌肉的弹性，是无法完成这种跳跃的。

丛林中的昆虫

在巴西停留的时候，我收集了很多昆虫标本，并对一些不同目的昆虫做了整体的观察，这也许会让英国昆虫学家产生兴趣。

凤 蝶

比起其他种类的昆虫，身体相对较大而颜色鲜艳的鳞翅目昆虫更能显现其栖息地的特征。在此我说的只是蝶类，因为这里虽然植物繁茂，理论上应有许多飞蛾，但现实正好相反，这里飞蛾的数量比处于温带的英国还少。

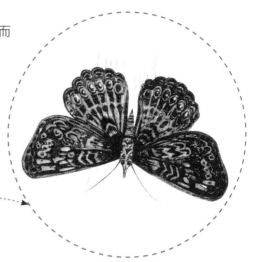

凤蝶的习性让我大为惊异。这种蝴蝶不常见，却会频繁地出现在橘子园中。它们飞得很高，总在树干上停歇。停歇时，其头部向下，双翅平展，并不像一般的蝴蝶那样把翅膀并拢。这也是我见过的唯一可以依靠腿逃走的蝴蝶。开始，我并不知道这一特性，所以当我一手拿着镊子，悄悄地靠近它，想要将它夹起来的时候，它一下子就逃到另外一边。更特别的是，这种蝴蝶在飞行时还会发出声音。有几次，有两只蝴蝶，也许是一雌一雄，在离我很近的地方来回飞。我听到一种咔嗒咔嗒的响声，类似于齿轮转过弹簧扣的声音。响声持续了一段时间，其间存在短暂停歇。这种声音在20米开外的地方仍能

达尔文说 1845年3月3日，道勃尔第先生在昆虫学会描述了凤蝶翅膀的特殊构造，并指出这种特殊构造对声音产生的影响。他说："需要注意的是，这种蝴蝶的前翅基部、前后翅膀之间，长有一个鼓状的结构。而且，前后翅之间还有一个薄膜片，也可以说是一种杯状物。"我在《朗斯多夫游记》中也读到过相关内容，即一种生活在巴西西海岸边的圣凯瑟琳岛上的蝴蝶，名叫菲布鲁霍夫曼斯基，在飞的时候会发出"嘎嘎"的声音。

清楚地听到。我相信这种声音真实存在，并不是我的错觉。

昆虫的种类与数量

巴西的鞘翅目昆虫外表都很普通，而且大部分昆虫的颜色都比较暗淡，个头也比较小，让我有些失望。直到现在，欧洲的收藏家都热衷收集热带的各种大型种类。不过，未来完整的昆虫分类目录的长度，应该足以让昆虫学家失去理智。食肉昆虫或者步行虫科的种类，在热带地区不太常见，与数不胜数的四足食肉动物相比，它们的数量十分稀少。可我来到巴西地处温带的拉普拉塔平原时，看到许多漂亮的地甲科昆虫，感到十分惊讶。难道是数量众多的蜘蛛和贪吃的膜翅目昆虫取代了食肉昆虫？可食腐类的膜翅目昆虫在这里也不太常见，倒是有很多以草为生的象鼻虫亚目和金花虫科昆虫。在此，我并不是说种类多，而是个体多，因为这才是昆虫学家关注的地区特点。直翅目和半翅目的昆虫数量很多，膜翅目的针尾亚目的昆虫也很多，但各种蜂类除外。

达尔文说 我举一个在6月23日采集昆虫标本的例子。不经意间，我就捉到68种鞘翅目甲虫，它们当中只有两种属于步行虫科，4种属于短鞘翅，15种属于象甲科，14种属于金花虫科。可最终被我带回去的是37种蜘蛛，这充分表明我对大家喜欢的鞘翅目昆虫没有进行特别的关注。

蚂 蚁

一个第一次走进热带森林的人，会对蚂蚁的辛勤劳动留下深刻的印象。它们开辟出的小路畅通无阻，在这些小路上能看到这些所向披靡的觅食大军在来回忙碌着。它们背上扛着一片片比自己身体大许多的绿叶。

有一种黑色的小蚂蚁有时会成群地迁徙。在巴伊亚的某一天，我看到许多蜘蛛、蟑螂和其他一些昆虫，还有几只蜥蜴，都在疯狂逃窜，正要穿过一片空地。在它们身后不远处，每一棵草、每一片叶子上都覆满黑压压的小蚂蚁。这群蚂蚁在穿过空地后，分成两路，在一堵旧墙下集合。它们包围了那些可怜的小动物，后者为摆脱它们进行了垂死挣扎，令人感慨。这群蚂蚁爬到路上时，自动组成一个狭长的队形，然后再往墙上爬去。我在它们行进的路线上放了一块小石头，以此来打乱它们的队形，结果所有的蚂蚁都来围攻这块石头，久攻不下，就赶紧撤退了。之后，又来了另一队蚂蚁，继续攻击这块石头，但还是没有攻下，于是它们放弃了这条行进路线。其实，只要绕行2.5厘米，它们就能避开这块石头。要是这块石头原来就在那里，它们肯定会绕道而行，但由于石头是后来侵入它们的路线的，所以这些勇猛的"小战士"选择了顽强抵抗。

胡 蜂

里约热内卢的郊区有许多胡蜂类昆虫，它们习惯在墙角用泥筑巢养育幼虫，而且巢里储存了很多半死的蜘蛛和毛虫。它们好像知道如何蜇猎物，能把猎物蜇到麻痹而不死，直到孵出自己的卵，让它们的幼虫来享用这些大餐。这种情况还被一位博物学家形容成新奇而愉快的过程。一天，我十分幸运地观察到一只胡蜂和一只黑腹狼蛛之间的殊死搏斗。那只胡蜂猛然冲向对手后飞走了。黑腹狼蛛好像被蜇了，在挣扎着逃走的时候，从一个小坡滚了下来，爬进茂密的草丛。没过多长时间，胡蜂就飞回来，不过让它惊讶的是，黑腹狼蛛不见了。然后，它就像追踪狐狸的猎犬一样，沿着弧形路线飞舞，不停地扇动着翅膀、抖动着触角。那只隐藏在草丛中的黑腹狼蛛，很快就被找到了。胡蜂畏惧对手的毒颚，不敢马上攻击，在进行一番试探后，才在蜘蛛的胸部刺了两下。被刺后，蜘蛛不再挣扎，胡蜂小心翼翼地用触角试了试，想把对手的尸体拖走。这个时候，我走过去，一下子捉住了这只胜利者和它的战利品。

蜘 蛛

与其他虫类相比，这里蜘蛛的数量远比英国要多得多，也许比这里其他类别的节肢动物也多。其中，跳蛛的类别不胜枚举。圆蛛属，更确切地说是圆蛛科，外形非常独特，有的长着带斑点的皮质硬壳，有的胫节粗而多刺。森林里的每一条小路上，都布满了结实的黄色蜘蛛网。这种蜘蛛与 法布里丘斯 命名的圆蛛同属一类。 斯隆 也曾说过，在西印度群岛上，这种蜘蛛的网十分结实，小鸟被粘住后也难以挣脱。蜘蛛网上趴着一种漂亮

约翰·法布里丘斯（1745～1808），丹麦著名昆虫学家，卡尔·林奈的学生，曾命名了将近1万种动物，并建立了现代昆虫分类的基础。

汉斯·斯隆（1660～1753），英国医生、博物学家。他的自然收藏品成为大英博物馆的基础馆藏。

的小蜘蛛，其有着细长的前足，好像是一种寄生种类，也许还没有人定义它的属性。巨型圆蛛一定觉得这个小蜘蛛体形弱小，所以允许它捕食落网的小昆虫，要不这些粘在网上的小昆虫就浪费了。当受到刺激时，这种小蜘蛛或者伸直前腿装死，或者突然从网上掉落。

在这里，还有一种巨型圆蛛也很常见，特别在干燥的地区。它们与瘤蛛和突尾艾蛛同属一类，常把蛛网织在龙舌兰的大叶子之间，有时还用一对或两对锯齿状线条加固在网的中央。一旦有大型昆虫，如蚱蜢或胡蜂落到网上，它们就熟练地转动粘在网上的猎物，并从丝囊中分泌出丝，裹住猎物，犹如蚕茧。蜘蛛先是检查无力挣扎的猎物，然后对着它的后胸处咬一口，再退到一边，等着猎物毒发身亡。毒性散发得很快，半分钟后我拨开那团蛛丝，发现那只猎物已经死亡。这种巨型蜘蛛常头部向下，盘踞在蛛网的中心。当蛛网发生震动时，它们会根据情况随机应变：要是下面是草丛，它们会直接掉下去（我曾清楚地看到它们准备下坠时，丝囊里会分泌出一些丝）；要是蛛网下面是空地，它们就不会采取坠落的方式，而是沿着蛛网从一边转移到另一边。假如震动持续发生，它就会采取更特别的方法，即站在蛛网中央，使劲晃动，使结在细小树枝间的网连带着树枝一起颤动，速度越来越快，最后连圆蛛自身都看不清楚。

众人皆知英国的蜘蛛，每当有一些大型昆虫落网时，多数都会切断丝线，放走猎物，保全蛛网。不过，有一次，我在什罗普郡的一个温室里，看到一只巨大的雌胡蜂，撞到一只小蜘蛛织成的不规则蛛网上。然而，这只小蜘蛛并没有切断丝线，而是用丝紧紧裹住猎物，使它的翅膀动弹不得。一开始胡蜂还不停地用毒刺蜇小蜘蛛，企图逃跑。在它苦苦挣扎一个多小时后，我实在不忍继续看下去，就把它弄死了，放回到蛛网上。小蜘蛛一会儿就回来了。又过了一小时，我惊奇地发现，小蜘蛛把双颚埋在胡蜂伸出毒刺的小孔里。我驱赶了它两三次，但在之后的一天里，我多次观察到它执着地在同一个位置上吮吸。由于吸食了比自己大许多倍的猎物的肉汁，它的身体迅速膨胀起来。

在此，我顺便说一下，圣菲巴加达有着许多大型的黑蜘蛛，其背上长着红宝石色的斑点，且有群居的习性。它们的蛛网也是竖着结的，就像圆蛛的网一样。这些蛛网相隔半米，虽彼此分离，但共用几条丝线。这些公共丝线很长，将群体中的所有个体都连接起来。如此一来，圆蛛的蛛网覆盖了一些大灌木丛的上空。阿扎拉先生 曾描述过一种生活在巴拉圭的群居性蜘蛛。

> 费利克斯·德·阿扎拉（1746～1821），西班牙博物学家、工程师，为了各种考察，曾在南美洲停留20年。
>
> 查尔斯·沃尔康奈尔（1771～1852），法国科学家，蜘蛛"黑寡妇"的命名人。

沃尔康奈尔先生 认为其描述的这种蜘蛛属于球蛛属，但我认为是圆蛛属，即和我上面说的蜘蛛属于同一类。

不过，我想不起来蛛网的中央是否另外有一个如帽子般大小的网了。阿扎拉先生所说的种类就有这么一个网，当蜘蛛在秋天即将死亡的时候，它们会把卵产在里面。我见过的蜘蛛体形都差不多，所以寿命也差不多。在虫类世界中，蜘蛛通常嗜血而孤傲，雌雄之间也会互相攻击，所以圆蛛属居然有群居的习性，真是不可思议。

在门多萨附近的科迪勒拉山的深谷中，我看过另一种蜘蛛，其蛛网十分奇特。在一个竖直的平面内，蜘蛛从一个中心点辐射结出结实的蛛丝，然后自己会盘踞中央。然而，织好的网上只有两条丝线连着树枝，所以这个蛛网并不是圆形的，而是呈楔形。那里所有蜘蛛结的网，构造都是如此。

Chapter 3

马尔多纳多

1832年7月5日，我们起程离开了美丽的里约热内卢，途径拉普拉塔河，于7月26日抵达马尔多纳多的蒙得维的亚港。在那里，我待了十周，为了多采集一些动物标本，如兽类、鸟类和爬虫类。关于这些标本，我会在下文详加说明，这里先说说我的一次短途旅行。

旅途见闻

一天，我从驻地出发，向着北边110千米处的波兰科河进发。这个国家的物价十分低廉，我雇了两个人、12匹马，只需每天支付两西班牙银圆（约合8先令）。随行的人配有手枪和军刀，一开始我还觉得这样的装备有些多余，直到当我听到消息说，有人发现一个蒙得维的亚的旅人被割断喉咙，死在路边后，才发现携带武器的必要性。据说出事的地点靠近一个十字架，而这个十字架表明之前已经有人死在那里。

走了五天后，我来到此次考察的目的地的最南端。乡野风光千篇一律，看到最后，绿色的草地竟然比尘土飞扬的大道更令人感到乏味。途中有许多鹧鸪。这种鸟既不成群结队，也不知道隐藏自己，看上去十分笨拙。骑马的人只需持续绕圈，走螺旋形路线，就能靠近它们，把它们敲晕，而且想抓多少就抓多少。抓鹧鸪最常用的办法，就是用活动的小套索或者拉索去套它们。这种套索或者拉索由鸵鸟的羽毛做成，固定在长棍的末端。一个骑着老马的小男孩，一天内可以抓三四十只鹧鸪。在北美洲的极地里，印第安人也会用类似的方法来捕猎野兔，即围着野兔绕圈，逐渐收缩圈子，最后拉紧套索。捕猎的最佳时间是中午，因为那时太阳很高，猎人的影子很短。

南美洲植物的分布

我们返回马尔多纳多时，走了另一条道。曾经在拉普拉塔航行过的人都知道有一个标志性的地点位于潘德阿苏卡尔。在那里，我们住在一个好客的西班牙老人家。第二天清早，我们开始攀登阿尼玛斯山。太阳出来后，山上的风景美如画：西边是无垠的草原，直抵蒙得维的亚山脉；东边是绵延起伏的马尔多纳多丘陵。山顶上有一小堆石头，看样子已有些年月了。随行的人很确定地说，那是古代印第安人的遗迹。这些石堆和威尔士山里的石堆很像，只是规模要小得多。看来，在山脉的最高点用某种方式来表明某种情况，似乎是人类共通的行为模式。现在，无论是开化的，还是未开化的，印第安人已经于这一地区绝迹。我们也不清楚，除了在阿尼玛斯山顶上留下这些小石堆，此地的先民是否还留下过其他更为永久的东西。

在拉普拉塔河东岸地区，最令人惊奇的就是缺乏树木，而小山上只长着一些灌木丛。河流的宽阔处，特别是拉斯米纳斯村北部，有很多柳树。在塔皮斯旱谷附近，听说还有一片棕榈林；在潘德阿苏卡尔附近，南纬35°的地方，我见过一棵高大的棕榈树。除了棕榈树和西班牙人栽种的一些树木外，这个地区几乎难以看到别的树木。栽种的树木有白杨树、橄榄树、桃树，还有一些果树。桃树长势喜人，是布宜诺斯艾利斯木柴的主要来源。而在平整的地区，比如潘帕斯大草原，却不太适宜栽种这些树，也许是因为风太大，排水过快。不过，马尔多纳多周边情况不同，这里有石山作为屏障，土壤的质地也多种多样，而且每个山谷底下都有淙淙溪流。土壤的黏性较大，能够留住水分。人们认为，年降雨量决定着树木的存活，然而在这个地区，冬天雨水充足，夏天虽然干燥，但并不干旱。我们都知道，澳大利亚的树木成荫，但是那里的气候却非常干燥。由此可见，影响树木生长的因素也许还有其他我们尚不了解的。

就我们在南美洲的所见而言，一定会认为树木只有在极端潮湿的气候下才能茁壮成长，因为森林的分布与受潮湿气流影响的区域一致。美洲大陆的南部，常有西风，夹杂着太平洋里的水汽，因而从南纬38°到火地岛的最南端之间的每个岛屿，都布满了茂密的森林。同样的纬度，在科迪勒拉山的东部，却是晴空万里，气候宜人，足以说明大气在翻山越岭后失去了携带的水汽。因而，在巴塔哥尼亚干燥的平原上，草木贫瘠。再往北的大陆上，在盛行东南季风的地区，东岸森林茂盛，而西海岸从南纬4°到南纬32°，皆是沙漠地带。而南纬4°以北地区，时常有季风造访，且毫无规律可言，导致暴雨倾盆。在太平洋沿岸的秘鲁境内，几乎都是荒漠，而到了布兰科角一带，又变成瓜亚基尔和巴拿马境内的茂密丛林。南美洲大陆的南部和北部，以科迪勒拉山脉为界，森林和沙漠所处位置与上述正好相反，这显然是受季风走向的影响。大陆的中部地区，包含智利中部和拉普拉塔各省，既非沙漠，也非森林，这是因为这里没有携带水汽的季风造访。

从南美洲来看，只有在携带水汽的季风盛行的潮湿地区，才能有繁茂的森林，但是福克兰群岛却是一个例外。这些岛屿与火地岛维度相同，相距五六百公里，气候和地质构造也差不多，且地理条件非常好，土壤也都是泥炭质，但这些岛上并没有茂密的植被，只有稀疏的几株勉强称为灌木的植物。相比之下，火地岛郁郁葱葱，全部被植物覆盖。经常有独木舟和树枝从火地岛漂到福克兰群岛的西海岸，由此可以推测，季风和洋流的方向，对传播火地岛上植物的种子非常有利，所以两个地区的植被应是一样的。但奇怪的是，如果把火地岛的树栽种到福克兰群岛，却不能成活。

动物标本

我在马尔多纳多停留期间，采集了一些四足动物、80种鸟类和许多爬行动物的标本，里面还包括9种蛇类。

野原鹿

本地大大小小的哺乳动物，现在常见的只有野原鹿了。这种鹿在拉普拉塔河沿岸和北巴塔哥尼亚地区数不胜数，以小群体行动。它们天生好奇心重，要是有人匍匐着靠近它们，它们还会走近一探究竟。我曾经用这个方法，在同一地点，杀死了同一个小群里的三头鹿。它们虽然性格温顺，不过要是骑在马上靠近它们，它们会变得十分机警。当地人习惯出门时骑马，所以鹿群只对骑着马和手拿套索的人怀有戒心。

在北巴塔哥尼亚地区新建的布兰卡港，我发现这种鹿对枪声毫无感觉。我在72米远的地方向一头鹿开了10枪，结果枪声还不如落到地面上的套索让它感到害怕。最后，我用光了弹药，这头鹿也没动一下，我只能大声吆喝着，把它赶跑了。对于我这个擅长猎杀飞鸟的人来说，这件事简直是奇耻大辱。

野原鹿身上有一种强烈的味道，非常难闻。这种气味简直难以形容。我曾经制作过一个这种鹿的标本，剥制时几次恶心得想要呕吐。这个标本后来保存在英国动物博物馆里。我曾用丝绸手帕裹住鹿皮带回家。这条手帕，我一直用着，也洗过很多次，非常干净，但自那之后的一年多，我每次打开它，都能清楚地闻到那股气味。这件事情也说明，有些容易挥发的物质，能够保持很久的味道。每当在鹿群所处地带的下风处走过，我就能闻到空气中挥之不散的恶臭。雄鹿的鹿角发育成熟时，特别是当带着茸毛的表皮褪干净后，那种味道最为强烈，此时的鹿肉也最不好吃。不过，据 高乔人 说，把鹿肉埋在新鲜泥土的下面，很快就可以除去臭味。我曾经听过类似的说法，在苏格兰北部的一些岛屿，那里的人也用同样的方法处理以鱼为食的鸟类的肉。

高乔人：生活在潘帕斯草原、大查科地区和巴塔哥尼亚草原，属混血人种，是印第安人和西班牙人结合的后代，保留较多印第安文化传统。

达尔文说 在南美洲，我一共收集到27种鼠类，其中13种已被阿拉扎和其他学者描述过。在动物学会的会议上，沃特豪斯先生给这些鼠类命名并进行了描述。在此，我怀着感激之情，再次向沃特豪斯先生和其他给予过我帮助的人表示感谢。请恕我冒昧，感谢你们由始至终地给了我如此多的无私帮助。

水 豚

这里有许多啮齿动物，单鼠类就有8种之多。其中有一种常见的叫水豚的动物，也是世界上最大的啮齿动物。我曾在蒙得维的亚捕到过一只，重达89千克，从鼻尖到短尾约有1米长，体围1.2米。这些巨型啮齿动物有时会跑到拉普拉塔河沿岸的岛屿上，那里有咸水，不过在淡水湖和河里，会看到更多的

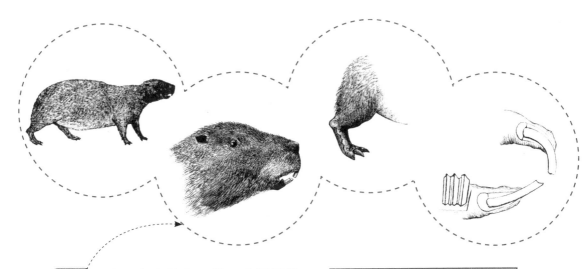

。在马尔多纳多一带，水豚通常三四只组成一群，在一起生活。白天，它们时而躺在水边休憩，时而去啃草原上的草。从远处看，水豚的步态和外形都很像猪，只有在蹲坐和用一只眼观察东西时，才像同类的豚鼠和兔子。由于颌部凹进去很多，无论从侧面看，还是从正面看，它们的头部都有些滑稽。马尔多纳多的水豚都非常温顺。

达尔文说 我解剖过一只豚鼠，在它的胃和十二指肠中发现了大量的浅黄色稀汁，这其中连一根纤维也找不到。欧文先生曾告诉我，水豚食道具有特殊的构造，只要食物比乌鸦的羽毛管粗，就不能通过食管下降到胃部。水豚的牙齿和颌强大有力，可以把吃进嘴里的水生植物研磨成汁液。

我曾悄悄接近一群老水豚，离它们只有3米远。它们之所以温顺，大概是因为美洲虎近年来被驱离此地，而高乔人也不屑于捕捉它们。我在靠近的过程中，听见它们频繁地发出奇怪的声响，算不上叫声，更像是一种短促的哼哼，或者说是突然喷出气体而发出的声响。我觉得这种声音很像一只大狗在狂叫之前发出的声音。距离这些水豚仅有一臂之遥时，我看着它们，它们也盯着我，就这样两两相望了几分钟，然后它们突然尖叫着扎进水里。它们在水里潜了一会儿，重新浮上水面，露出脸来。据说雌水豚带着幼崽在水里游时，幼崽就坐在它的背上。

捕杀这种动物非常容易，然而它们的皮毛没有多大价值，肉也不怎么好吃。在巴拉那河的岛屿上，它们不计其数，是美洲虎的日常猎物。

吐科吐科

巴西栉鼠"吐科吐科"也是一种啮齿动物，习性与鼹鼠相近。这是一种非常奇怪的动物。南美洲的某些地方有很多吐科吐科，但它们从来不钻出地面，所以很难捕捉。它们也会在地洞口码个小土堆，不过土堆比鼹鼠的要小一些。马尔多纳多的大部分土地都被它们掏空了，所以从这里经过的马匹经常深陷在土里。吐科吐科好像是群居动物，帮我弄到标本的那个人曾经一口气捉到过六只。据他说，这再正常不过了。

吐科吐科

吐科吐科习惯在夜里活动，以植物的根为生，因而它们的洞又长又浅。众所周知，它们发出的声音十分奇怪。第一次听到这种声音，人们会很惊讶，既无法判断声音的出处，也无法猜出是什么动物发出的。它们的声音短促却不刺耳，有一些鼻音，可以连发四次。"吐科吐科"这个名字，就是模拟它们的叫声起的。这种动物聚集的地方，一天到晚都会听到它们在叫，有时候声音好像就是从脚下传出的。将它们带到室内仔

达尔文说 还有一种生活在北巴塔哥尼亚内格罗河一带的动物与吐科吐科习性相近，可能属于近缘种，但我并没有见过这种动物。据说它们的声音与吐科吐科的不同，只能发出两三次哼叫，还断断续续的，但声音洪亮。从远处听，这种叫声很像用斧子砍小树的声音，所以我对这种声音是这种动物发出的表示怀疑。

细观察，会发现吐科吐科的动作十分缓慢而笨拙。它们的后腿总向外翻动，而且它们的股骨窝没有韧带，因此不能竖起来跳跃。它们蠢笨地不知道逃跑，生气或害怕时，只会发出叫声。我养过几只吐科吐科，有几只自捕到的那天起就很听话，从不咬人，也不逃跑，而另外几只则有些野蛮。

捉过吐科吐科的人都说它们看不见东西。我用酒精保存的一只标本就是这样的。里德先生认为，这是瞬膜发炎导致的结果。当这只吐科吐科活着的时候，我把手指放在它眼睛前面的一两厘米处，它完全没有反应。不过，它可以在屋子里四处活动，跟其他几只眼睛正常的没有区别。鉴于它们的活动范围在地下，所以失明不会给它们的生活造成影响。让人费解的是，吐科吐科的眼睛总受到瞬膜发炎的困扰，却依然很好地存活于世。根

让·巴蒂斯特·拉马克（1744～1829），法国博物学家，早期进化学者之一。

——

按照现代分类学标准，盲螈属于两栖类，而不是爬行类。

据 拉马克 的推测，一种生活在地下的啮齿动物鼹鼠，以及一种生活在水下黑暗洞穴的爬行动物 盲螈 ，都是慢慢失明的。这两种动物的眼睛覆着一层腱膜以及皮肤，几乎没有什么用处。倘若他知道吐科吐科的情况，一定会非常高兴的。鼹鼠的眼睛非常小，但是功能正常，然而许多解剖学家都怀疑，它们的眼睛没有连接真正的视神经。它们只有在离开洞穴时才用到眼睛，所以眼睛的功能不会有多强。吐科吐科的眼睛很大，但毫无用处，不过对它们来说没有任何不便。拉马克要是知道的话，肯定会说吐科吐科很快就接近鼹鼠和盲螈的状态了。

紫辉牛鹂

马尔多纳多连绵不绝的草原上，有着多种鸟类。有一个科的几种鸟类，习性很像英国的棕鸟。其中一种紫辉牛鹂，习性很特别，它们经常成群地站在牛背或马背上。晴天时，它们栖息在树篱上，整理羽毛，偶尔发出嘶嘶的声音。这种声音很奇怪，像从水里冒出小气泡的声音，快速而响亮。根据阿扎拉先生的说法，这种鸟像杜鹃，喜欢把蛋下在其他鸟的窝里。当地人也跟我说过很多遍，这种鸟有这种习性。帮我采集标本的人做事细心，他曾在本地的一种雀类的窝里，看到过一颗比其他蛋都大、颜色和形状迥异的蛋。北美洲有一种牛鹂属鸟类，叫作单卵牛鹂，也有借窝下蛋的习性，而且其各方面都很像拉普拉塔地区的牛鹂，也很喜欢站在牛背或者马背上。不同的是，单卵牛鹂体形略微小一些，羽毛和蛋的颜色也与南美洲的牛鹂有所区别。在一个大陆的南北两端，竟然有习性类似的动物，这种情况尽管平常，却也让人觉得十分有趣。

斯文森先生 曾经说过，除了单卵牛鹂（应再加上紫辉牛鹂），杜鹃是真正称得上具有寄养后代习性的鸟类，即它们"依附于另一种鸟类来孵化自己的幼鸟，其幼鸟以养亲提供的食物为生，所以养亲死亡，幼鸟也活不下来"。值得注意的是，杜鹃和牛鹂中的某些种类，而不是所有都喜欢借窝产蛋。另外，牛鹂和杜鹃在其他习性上均相反：牛鹂喜爱群居，和椋鸟一样，在宽阔的平原上生活，不善伪装；而杜鹃却非常孤僻、怕生，喜欢栖居在森林深处，以果实和毛虫为食。在身体结构上，这两种鸟类也相差甚远。

威廉·约翰·斯文森（1789~1855），英国鸟类学家、软体动物学家、昆虫学家和艺术家。

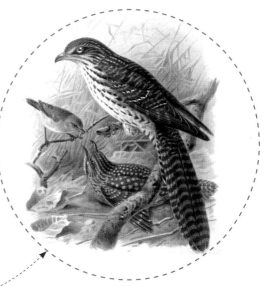

有许多理论，包括颅相学理论，都曾尝试解释 杜鹃借窝产蛋 的缘由。我觉得，只有 普雷沃特先生 通过亲身观察，得出的答案最有说服力。据多数

康斯坦德·普雷沃特（1787~1856），法国地质学家。

观察者称，雌杜鹃每次产4~6个蛋，而普雷沃特发现，雌杜鹃每次只产一两个蛋，之后要与雄杜鹃再次交配，才能产蛋。依照此种情况，如果雌杜鹃要自己孵蛋，它或者把蛋下完一起孵，但这样先下的蛋肯定会因为放太久而腐坏，或者每次只产一两个蛋来孵化。然而，杜鹃是候鸟，和其他候鸟不同，它们在某地停留的时间很短，所以无法分次孵蛋。所以，从杜鹃多次交配、分次产蛋的习性上看，我们就能了解它们借窝产蛋、把幼鸟让其他鸟类照顾的原因了。我知道，南美洲的鸵鸟有类似习性，也相信下述观点的正确性：鸵鸟也是借窝产蛋的动物，雌鸵鸟会聚成一群，在同一个窝里产下几个蛋，再由一只雄鸵鸟来完成孵化的任务。

大食蝇霸鹟与嘲鸫

生活在马尔多纳多的其他鸟类，我想再说一下其中最常见的两种，它们也都是因生活习性而闻名于世的。一种是大食蝇霸鹟，其是霸鹟科庞大的美洲群的典型代表。其在体形上很像伯劳鸟，习性却和普通鸟类差不多。我经常在野外看到这种鸟像老鹰一样盘旋在某处上空，然后再转移到另一处。看到它们在空中盘旋的样子，即便离得很近，人们也会误以为这是一种猛禽。不过，大食蝇霸鹟俯冲的速度和力量与猛禽相比可差远了。平时，它们在近处的水面上寻找猎物，跟翠鸟一样静待小鱼浮出水面，然后飞过去捕捉。也有人养过这种鸟，他们要么将其养在笼子里，要么剪短翅膀养在院子里。大食蝇霸鹟非常温顺，动作笨拙，像喜鹊一样惹人喜爱。因为它们的头和喙很重，飞起来容易上下起伏。晚上，它们喜欢站在路边的灌木丛里尖叫，发音有点儿像西班牙人说的"bien te veo"（看见你真好），因此也得名"bien te veo"。

当地有一种雀类，属于嘲鸫的一种，发出的声音比所有鸟类都好听。实际上，这种鸟是我在南美洲见过的唯一以唱歌为生存目的的鸟。它们的歌声可与苇莺相媲美，但比之更响亮。其曼妙婉转的颤音中，还夹杂着几声尖锐的高音。但它们只在春季发出这种悦耳的声音，在其他季节里它们的叫声都很刺耳，令人无法忍受。在马尔多纳多地区，这种鸟非常温顺，不害怕人类，常成群结队来到村里，啄食挂在室外的肉。要是有别的鸟也参与进来，它们会赶走异类。

在巴塔哥尼亚广袤的草原上，有一种与嘲鸫相似的鸟，道尔比尼先生把它们叫作巴塔哥尼亚小嘲鸫。这种鸟生

> 阿尔西德·道尔比尼（1802~1857），法国著名博物学家。

活在荆棘丛生的山谷中，野性难驯，鸣叫声也与嘲鸫不太一样。这两种鸟习性上差别微小。我第一次看到巴塔哥尼亚小嘲鸫时，从嗓音上讲，我觉得它们和马尔多纳多的嘲鸫分属两类。后来，我弄到一个标本，粗略地比较了一下两者的外形，发现它们非常相似，于是我改变了之前的看法。可据古尔德先生说，它们确实是两个种类的鸟，不过他并不了解这两种鸟在生活习性上的差异。

> 约翰·古尔德(1804~1881)，英国鸟类学家和鸟类艺术家。

食腐鹰类

南美洲以腐肉为生的鹰类，数量庞大，性情温顺，习性却不招人喜爱，让习惯于北欧鸟类的人第一次见后会感到非常惊讶。这样的鹰类包括四种：长腿兀鹰（卡拉鹰）、红头美洲鹫、南美大兀鹰和南美秃鹰。

长腿兀鹰从体形上来说，属于鹰类。不过，人们很快就发现，不应把它们分到这么高贵的种类里。从习性上来说，它们和这里的乌鸦、喜鹊、渡鸦类似，后面三种鸟虽几乎遍布全球，却只有南美洲不见踪影，所以南美洲的居民只好把长腿兀鹰归为鹰类。

　　长腿兀鹰是一种南美洲常见的鸟类，分布范围广泛，在拉普拉塔一带的草原上尤其多。当地人把它们称作"卡朗察鹰"，常见于巴塔哥尼亚广袤的平原上。在内格罗河和科罗拉多河中间的荒原上，它们也会成群地出现在路边，啄食那些因疲惫或干渴而死的动物腐尸。不仅在干旱的平原上，而且在干燥的太平洋海岸线上，以及巴塔哥尼亚西部和火地岛那些潮湿的密林中，也常能见到它们。

　　长腿兀鹰经常和齐孟哥鹰结队光顾大牧场和屠宰场。要是有动物死在荒野上，南美大兀鹰会第一时间赶来，享受大餐，然后两个种类的长腿兀鹰会把骨头上的残渣吃得干干净净。虽然这些食用腐尸的鹰类经常一同享受大餐，但彼此之间充满敌意。长腿兀鹰习惯安静地待在树枝上或者地上，而齐孟哥鹰却喜欢长时间地来回飞行，沿着半圆弧线，并在弧线的底端，攻击比它们体形大很多的长腿兀鹰。而长腿兀鹰只有在被撞到头时，才能察觉敌人来袭。

　　长腿兀鹰喜欢成群结队地外出觅食，却不群居。在一些荒野上，常见它们独处的身影，抑或成双成对。

　　人们认为长腿兀鹰诡计多端，会偷食大量的鸟蛋。它们伙同齐孟哥鹰一起啄食骡马背上的疮痂。海德上校曾经描述过这样一个场景：一头可怜的牲畜低垂着耳朵、弓着背，一米之外有一只鸟盘旋飞舞，死盯着一小块让人恶心的碎皮。这些徒有虚名的鹰类不会捕捉活着的鸟兽，而是和秃鹫一样，爱吃腐肉。凡是在巴塔哥尼亚平原上露宿过的人都知道，睡醒时一定会看到附近的每座小土堆上，都有一只正虎视眈眈地看着自己的鸟。这已经成为此地独特的风景。如果有一群人带着马和狗打猎，长腿兀鹰也会跟在身后。吃饱后，它们露在外面的嗉囊就会鼓起来。这时，它们变得慵懒、驯服而胆小，飞起来也缓慢而笨拙，好像英国的秃鼻乌鸦。长腿兀鹰不常展翅高飞，不过我曾看到过一只长腿兀鹰飞得很高，动作轻盈。它们会奔跑，而不是跳跃，并不像同类那样敏捷。它们偶尔很聒噪，叫声奇怪、刺耳、响亮，像西班牙语中的喉音"g"，跟着两个小舌音"rr"。发出这种声音时，它们会仰起头来，直到头顶够到后背。虽然有人怀疑这点，但这是真的，我曾几次见过它们的头部后仰到背部。根据阿扎拉先生的说法，长腿兀鹰也吃蠕虫、贝壳、蛞蝓、蚱蜢和青蛙，偶尔还会啄食刚出生的小羊羔，甚至会对南美大兀鹰穷追不舍，直到逼它们吐出刚吞食的腐肉。阿扎拉还说，五六只长腿兀鹰会一起追赶大鸟，连苍鹭都不会放过。这样来看，这真是一种勇猛、无所畏惧的鸟。

比起长腿兀鹰，齐孟哥鹰体形要小一些。这是一种杂食动物，有时候也吃面包。有人告诉我，在 奇洛埃岛 上，齐孟哥鹰会把刚刚栽种的土豆根茎刨出来，毁了人们的耕作。在所有食腐动物中，通常齐孟哥鹰会最后离开动物的骸骨。它们常会钻入死去的牛马的肋骨中，就像笼中之鸟。

> 奇洛埃岛：位于智利南部太平洋上。

还有一种新西兰兀鹰，在福克兰群岛上常见到它们的身影。其习性与长腿兀鹰相似，以腐尸和海产品为食。在拉米雷斯岛，它们完全靠海为生。新西兰兀鹰性情温顺，不害怕人，经常出现在屠宰场，等着动物的残渣。要是有一只动物被猎人杀死了，很快会有一群新西兰兀鹰结伴前来，站在地上，耐心地等着。吃饱后，它们的嗉囊会凸起，看上去令人厌恶。要是有鸟类受伤，新西兰兀鹰就会群起而攻之。我曾见过一只受伤的鸬鹚，漂到岸边，马上就被好几只新西兰兀鹰捉住，在不断的攻击下，鸬鹚很快死去。"小猎犬"号抵达福克兰群岛的时间是夏季，不过在"冒险"号服役过的军官们曾在那里过冬。据他们说，这种鸟胆大包天，可以捕猎食物。例如，对一只熟睡的大狗，在旁边还有猎人的情况下，它们就敢扑上去。对被猎人捉到的几只大雁，它们也敢争抢。我还听说，曾有几只新西兰兀鹰一起守在野兔的洞口外面，野兔一跑出来，它们就合伙扑上去。它们经常飞到港口的船只上，要是一不提防，它们就会撕坏船上的皮革，偷走船尾的野味和腊肉。

新西兰兀鹰好奇心很重，无论地上有什么东西，它们都叼起来看看。它们曾把一顶黑色的礼帽叼到1.5千米之外，也曾衔走一对捉牛用的大铁球。尤斯伯恩先生在考察期间损失巨大，他的卡特尔牌小指南针和一个红色的摩洛哥皮套，都被这些鸟偷走了，再也没能找回来。

新西兰兀鹰好斗，生气的时候，会乱啄地上的草。它们不是真正的群居动物，也不会展翅高飞，只会笨拙而缓慢地低飞。在地上时，它们跑得很快，像是野鸡。新西兰兀鹰喜爱制造噪声，会发出好几种刺耳的鸣叫，其中一种与英国秃鼻乌鸦的叫声类似，所以捕猎海豹的人也叫它们"秃鼻乌鸦"。它们叫的时候，也像长腿兀鹰一样，把头往后仰，身体后倾。它们在海岸的岩石上筑巢，但只限于主岛附近的小岛，绝不会在两座主岛上。对于这种温顺而无畏的鸟来说，这样的警惕性倒真让人惊奇。据捕猎海豹的人说，这种鸟的肉煮完后呈白色，味道鲜美，但敢于吃下去的人一定非常勇敢。

再来说说红头美洲鹫和南美大兀鹰。从合恩角到北美洲，气候潮湿的地区都能见到红头美洲鹫。它与长腿兀鹰和齐孟哥鹰不同，是一路飞来福克兰群岛的。红头美洲鹫是种独居鸟，最多成对出现。它们飞行姿势优雅，翱翔于高空中，从远处望去，一眼就能认出来。红头美洲鹫是真正的食腐动物。在巴塔哥尼亚西部的海岸上，在密林丛生的小岛和陆地上，红头美洲鹫以海水冲到岸边的东西及死海豹为食。海豹群聚的岩石上，常见这种动物的身影。

南美大兀鹰的分布地与红头美洲鹫不同，从不越过南纬41°。阿扎拉先生曾经提到过一个传说，在欧洲人征服美洲之前，蒙得维的亚一带还没有这种鸟，后来它们才跟着人类，从北方迁入此地。如今，在蒙得维的亚以南约500千米的科罗拉多山谷中，有数量庞大的南美大兀鹰。也许，它们在阿扎拉的时代就已经迁入此地。它们通常喜欢潮湿的天气，特别喜欢靠近淡水湖泊，所以在巴西和拉普拉塔河岸有许多南美大兀鹰，而在巴塔哥尼亚北部的干旱地区，只有在几条河流附近可以看到它们。整个潘帕斯草原与科迪勒拉山脉之间，常能见到它们，但我从来没有在智利见过一只南美大兀鹰，也从没听谁提起过。在秘鲁，南美大兀鹰深受保护，因为它们可以清洁环境。这种鸟可算得上是群居动物，因为它们常常成群结队出现，而不是为了同一只猎物才聚在一起。天晴时，可以看到一群南美大兀鹰盘旋在空中，每一只都姿态优美，不停地飞行。这显然是为了锻炼而飞，也有的是为了求偶而飞。

至此，除了南美秃鹰，我已经讲完了本地所有的食腐鸟类。等我讲到适合南美秃鹰栖息的地区时，再来详细讲述。

Chapter 4

布兰卡港

1833年8月24日，"小猎犬"号抵达布兰卡港，并于一周以后离开，前往拉普拉塔河。我征得船长的同意，计划通过陆路前往布宜诺斯艾利斯。"小猎犬"号将在那里考察港口，而我要为自己的科考增加一些观察内容。

陆生动物化石

离海岸线不远的平原，属于潘帕斯草原地貌，由一种红色土壤和富含钙质的泥灰岩构成。接近海岸的地方，有一些土壤是平原高处的岩石崩裂后形成的，还有一些是地壳缓慢隆起时从海里冲上来的泥土和沙砾。对于地壳的隆起，这里有一些证据：抬升地层中存留的近期贝壳，以及此地随处可见的由浮石形成的圆卵石。在阿尔塔角，有一个近期形成的小平原，其中有许多陆生动物的化石，数量众多，非常稀奇。欧文教授在《"小猎犬"号航海考察之动物志》中详细地描述过这些动物的化石，现在这些化石陈列在英国外科医学院。此处，我只简单地介绍一下这些化石的情况：

理查德·欧文（1804～1892），英国动物学家、古生物学家。

第一个要介绍的是三只大懒兽的头骨和其他部位的骨头化石，这些化石尺寸巨大，从命名中就能看出。

第二个是巨爪地懒，它同样身形庞大，与前者亲缘关系很近。

第三个是伏地懒，同样也与大懒兽有着密切的亲缘关系。我有一整具伏地懒的骨骼，其体形接近犀牛。根据欧文先生的理论，伏地懒的头骨构造与好望角食蚁兽类似，但在其他方面，又像犰狳。

第四个是达氏磨齿兽，是前面几种动物的近亲，但体形略小。

第五个是巨大的贫齿四足兽。

第六个也是一种巨大的动物，有分节的骨状甲，像犰狳的披甲。

第七个是一种已经灭绝的马，后面我会提到。

第八个是一种厚皮动物的牙齿，这种动物很像长颈驼，是一种很像骆驼的四足兽，后面也会提到。

第九个是箭齿兽，这也许是自古以来发现的最奇怪的动物了：它身形像大象或大地懒，不过依照欧文先生所说，它应属于啮齿动物，但现在的啮齿动物多是体形微小的四足动物。从许多方面看，它又像厚皮动物，例如从眼睛、耳朵和鼻子的位置来看，它很可能生活在水中，像现在的儒艮或海牛。如今分类明确的不同科的特征，居然都能在箭齿兽身上一一找到，真是神奇！

上面提到的9种巨大的四足兽化石，以及很多单独的骨头，都是在沙滩中发现的，分布在约200平方米的范围内。让人惊奇的是，在一个地方能发现如此多的动物化石，说明这个地方曾经生活着种类繁多的动物。在离阿尔塔角50千米的地方，我在一处红土崖上发现了一些骨头，有的尺寸巨大，其中有几块是啮齿动物的牙齿，大小和水豚的牙齿相当，外形也很类似。水豚的习性已在前文做了描述，所以这种动物也可能生活在水中。还有几块是栉鼠属动物的头骨，与现在的栉鼠不属于同种，但外表很像。这里的红土与潘帕斯草原类似。 埃伦伯格教授 曾在这里发现过8种淡水微型生物和一种咸水微型动物的化石，因此推论这里很可能是河口的冲积层。

我在阿尔塔角发现的动物化石，都掩埋在分层的沙砾和红土中。海水现在日复一日地冲刷着那里，过去可能也是这样。化石中还包括23种贝类，其中13种为现在的物种，4种与现在的物种很接近，其他的几种存有疑问，不知道是已经灭绝的，还是不为人所知的，毕竟这里的贝类种类我们了解得还非常有限。伏地懒的化石还包括膝盖骨，它们形成化石的时候还保有生存时的状态。另外，很像犰狳的大型动物的骨质甲和一条腿也保存得好，所以我们可以确定，这些遗骨被掩埋时还很新鲜，通过韧带相连，并与贝类一起埋在沙砾中。这样一来，我们就有充分的证据表明，上面所说的巨大四足兽，与现在的种类相比，还是更接近欧洲最古老的第三纪四足兽。在这些四足兽生存的时期，好多海洋生物已经存在；我们也印证了 莱伊尔先生 长期坚持的一条定律："哺乳动物的存在时间远比有壳目动物短。"

达尔文说

多尔比尼先生在本书出版之后，检查了所有我带回来的贝类化石，认定它们都是现存物种。

巨型四足兽

这些巨型动物，包括大地懒、巨爪地懒、伏地懒和磨齿兽，其骨头尺寸之大，令人瞠目结舌。它们的习性，博物学家也是一无所知，直到近来欧文教授才揭开这一谜底。它们的牙齿结构简单，说明它们是食草动物，多半以树叶和嫩芽为食。它们体形庞大，爪子弯曲坚硬，动作笨拙，所以有些著名博物学家认为，它们和亲缘关系相近的树懒一样，能够背朝下挂在树上，以树叶为食。这种想法即使不荒谬，那也算大胆了。试想，史前巨木就算再结实，要想承受与大象等重的动物，也不容易。相比之下，欧文教授的看法比较可行。他认为，这些庞大的四足兽不是爬到树上，而是挂住树枝，连根扯断，从而进食树叶。它们的后肢十分粗重，但并非无用，事实上，它们还起着重要的作用。这些巨兽粗大的尾巴和沉重的后腿，像三脚架一样牢牢地固定在地上，

磨齿兽

詹姆斯·布鲁斯（1730～1794），苏格兰旅行家、作家。

这样它们的前腿和爪子就可以自由活动了。树木再牢固，也抵不住它们强大的力量。

此外，磨齿兽还有像长颈鹿一样伸缩自如的舌头，这是天赐的礼物，再加上长颈的帮助，它完全可以够到树叶。

根据 布鲁斯 的说法，埃塞俄比亚的大象用长鼻子够不到树叶时，便会用长长的象牙猛击树干，在树干上划出多道痕迹，直到把大树弄倒。

化石埋藏的地层，仅比涨潮时的海面高出4.5米～6米，由此可以推测，从那些庞大的四足兽生存的年代到今天，地壳的隆起非常微小（也许中间有过一次沉降，但是我们没有证据），当时的地貌与现今相当。也许有人会问，当时的植被情况是不是也像现在一样贫瘠？由于与这些四足兽化石一起埋藏的贝类，和现在的物种相同，我一开始也认为，当时的植被和现在相似，不过这种看法多半错误，因为在巴西那些丛林茂密的海岸上，也长着同种贝类。显然，用海洋生物的构成来判断陆地生物，没有任何说服力。尽管如此，我并不认为，这些四足兽曾经生活在布兰卡港一带，就能推测出当时这里的草木茂盛。我也不怀疑，再往南的内格罗河地区仅有零星的多刺植物，就能养活许多庞大的四足兽。

人们一直认为，巨大的四足兽需要植被繁茂才能存活，但我认为这完全是错误的，这样的看法会影响地质学家在考古上对重要问题的推测。这种偏见，可能来自印度和东印度群岛，因为那里的象群与茂密的森林，在所有人的印象中都是密不可分的。然而，如果我们看看任何一部有关非洲南部的游记，就会发现，几乎每一页都会提到那里土地的荒凉，以及其中存在的许多大型动物。许多已经出版的关于南非内陆地区景色的版画，也能印证同样的情形。"小猎犬"号在开普敦逗留时，我曾深入该地内陆地区，做了几天的远足，所见所闻足以证明那些游记的真实性。

非洲南部的证据

近期，安德鲁·史密斯博士刚刚率领探险队，穿越南回归线。他跟我说，整个非洲南部都是荒凉贫瘠的土地。南部和东南部的海岸有一些茂盛的森林，除此之外，旅行者经常连续几天都会走在裸露的荒原上。那里草木罕见，土壤的肥沃程度很难用一个标准来说明，不过可以这么说，英国在任何季节的植被都要比非洲南部同样面积的植被多10倍以上。在非洲南部，坐牛车向任何方向行驶，除了海岸边，都畅通无阻，最多停下来，花上半小时来砍伐拦路的草丛。这种说法也许更能说明当地植被情况。

安德鲁·史密斯（1797～1872），苏格兰探险家、动物学家及外科医生。

达尔文说　这里的比较是排除了非洲南部先后生存过、已消失的植物种类数量。

我们再来看看这些荒原上的动物，就会发现其数量之多、体形之大，着

斑 驴

实让人惊讶。那里有非洲象、三种犀牛——如果依照史密斯博士的说法，还
得再加两种犀牛——河马、长颈鹿、和成年公牛一般大的非洲水牛、体形稍
小的伊兰羚羊、两种斑马、小个子的斑驴、两种角马和几种个头较大的羚
羊。有人也许会说，虽然那里物种丰富，但是数量不会太多。在史密斯博
士的帮助下，我可以确定，事实远非如此。史密斯博士说，他在南纬24°的地
方，坐牛车走了一天，观察到周围有100多头犀牛，分别属于3个种。那一
天，他也看到好几群长颈鹿，大约有100匹。虽然他当天没能看见大象，
但是发现了大象的踪迹。在离他前一晚的宿营地有1小时路程的地方，他
的同伴捕杀了8头河马，看见的就更多了。在同一条河里，他还看到了鳄

鱼。也许这么多大型动物聚在一起，不太常见，但这也证明大型动物阵容庞大。史密斯博士说，那天经过的平原是"草木荒芜，只有一些不到一米的灌木丛，以及几棵合欢树"，驾着牛车向哪个方向行驶都不会遇到障碍。

对好望角的自然环境有些了解的人都知道，除了这些大型动物外，那里数量最多的就是羚羊。其规模只有迁徙中的候鸟群能与之媲美。狮子、豹、鬣狗以及一些猛禽，数量众多，足以说明小型四足动物在该地区非常活跃。有一天晚上，史密斯博士发现自己宿营的地方，有7只狮子在徘徊。这位优秀的博物学家对我说，在非洲南部，每天都发生着无数的杀戮。我承认，如此贫瘠的地区生存着这么多动物，确实不可思议。那些大型四足动物，以低矮灌木丛为食，一小丛就能够满足其养分需求，因而它们常在荒原上寻找食物。史密斯博士还说，那里的植物生长迅速，被吃过之后，很快就能长出新的。不过，我们可能夸大了大型四足动物的食量。别忘了，像骆驼这种体形较大的动物，正是典型的沙漠动物。

还有一种看法，认为大型四足动物生存的地方，必须具备茂密的植被，这种看法更加值得注意，因为它与现实完全违背。根据 布切尔先生 的说法，他去巴西时，印象最深的是南美洲的植被如此繁茂，但与非洲南部相反的是，巴西没有大

> 威廉·布切尔（1781～1863），英国探险家、博物学家及作家。

型四足动物。他在自己的游记中说，如果条件许可，比较一下这两个地区同样数量的大型四足动物的体重，结论会非常有趣。非洲南部是大象、河马、长颈鹿、非洲水牛、伊兰羚羊和三五种犀牛，而巴西是两种貘、原驼、三

在埃克赛特交易所，大象被宰杀后，分割成数块，称重的结果是5.5吨。据我所知，在马戏团进行表演的母象有4.5吨。从这里我姑且认为成年象的平均重量为5吨。我在萨里花园听说，一头运送到英国的河马被宰杀分割后，称重的结果是3.5吨，这里按3吨来计算。据此，我估计五种犀牛每种的重量都在3.5吨，长颈鹿为1吨，非洲野牛和伊兰羚羊为0.5吨（一头成年公牛重540千克~680千克）。再按照以上估算，我推测非洲南部体重最重的前10种动物的平均体重为2.7吨。而南美洲，两种貘一共重500多千克，原驼和小羊驼一共重250千克，三种鹿一共重230千克，西貒、水豚和一种猿类共重140千克。这些动物的平均体重是110千克，而且该数值还是我取最高值计算得来的。由此可见，这两个大陆最大的10种动物的体重比大约是24:1。

种鹿、小羊驼、西貒和水豚（现在还少一个，所以我从猿类中找一个种类来充数）。把这两组动物排列好后，我们很容易看出，两者在体形上相差甚多。从以上事实可得出与之前的观点完全相反的结论，即哺乳动物的体形大小与居住地的植被数量并没有直接联系。

说起大型四足动物的数量，世界上任何地方都比不过非洲南部。从上述说明中，我们也能了解非洲南部的荒凉程度。在欧洲，我们必须回溯到第三纪，才能在哺乳动物中找到和当今好望角地区类似的情形。人们通常认为，第三纪中的大型动物数量庞大，不过我们在某些地方发现的不同年代的化石，还不能说明当时的大型四足动物比现在的非洲南部多。要是据此来推测那个年代的植被情况，应该以当地目前的状况来类比，因为据我观察，好望角地区的现实情况显示，大型四足动物并不需要依靠茂盛的植被存活。

在北美洲的极北地区，地面以下一米多都是终年不化的冻土，但欧洲的北部地区却布满高大茂密的森林。同样，在西伯利亚北纬64°的地方，平均气温比冰点还低，土壤都是冻土，埋在里面的动物尸体保存完好，但却生长着桦树、冷杉、白杨和落叶松。鉴于这些事实，我们必须承认，假如只考虑植物的数量，那么在第三纪晚期时，欧亚大陆北部的多数地区，大型四足动物是可以生活在如今发现它们化石的地方的。这里先不说它们进食的植物种类，因为有证据表明，这些地区的环境曾发生过变化，而且这些动物都已经灭绝，所以我们只能假设，植物的种类也因此发生了变化。

另外需要补充的是，上面的说法与在西伯利亚冻土里埋藏的动物有直接关系。人们相信，大型动物必须生活在像热带雨林那样繁茂的密林中，这又与西伯利亚极度严寒的情况相矛盾，所以产生了一些理论，认为气候骤变以及曾有过灭顶之灾，才导致这些动物被埋在冻土中。当然，我并不认为，从那些动物生存的年代至今，气候没有变化。我只是想说，要是仅考虑食物的数量，即便当时的气候和现在的一样，古代的犀牛也完全可以生活在西伯利亚中北部（北部当时很可能在海面以下）的荒原中，就像现在的犀牛生活在非洲南部的红土荒原上一样。

 达尔文说 如果我们发现了一具鲸鱼的骨骼化石，鉴定出是与现今种类都不同的格陵兰鲸，博物学家是不可能推断出其是以海洋中微小的甲壳类和软体动物为食的。

达尔文说 里查德森博士在其著作《贝克船长探险中的动物学评述》中写道："北纬56°的底层土地已永久冻结，位于海岸边的融化层的厚度仅为1米。北纬64°的熊湖附近，融化层的厚度不到0.5米。底层冻土没有完全摧毁植被的生长，远离海岸的一些地方，生长着繁茂的植物。"

美洲鸵鸟

接下来，我要说一说在美洲生活的一些有趣的鸟类。这些鸟多数生活在巴塔哥尼亚北部的平原上，其中最大的一种当属美洲鸵鸟。它们的一般习性，大家都了解，即以植物类为主食，比如草和草根。但在布兰卡港地区，我曾多次目睹三四只美洲鸵鸟在退潮后干旱的泥滩上，按照高乔人的说法，寻找着小鱼。尽管它们天生害怕人类，警惕心强，喜爱独处，跑得很快，但套索在手的印第安人和高乔人仍可以轻松地将它们捕获。几个骑马的人围成半圆出现在它们附近，它们就会晕头转向，不知所措。美洲鸵鸟很喜欢逆着风奔跑，张开翅膀，就像一张鼓满风的帆。一个非常炎热的晴天，我看到几只鸵鸟钻进灯芯草丛里，蹲下藏好，直到我离得很近才跑开。大部分人都不知道，美洲鸵鸟会游水。金船长说，他在圣布拉斯湾以及巴塔哥尼亚的瓦尔德斯港，多次看到它们从一个岛游到另一个岛。它们被驱赶或在受惊时，都会冲进水里，一口气游上200米。游水时，美洲鸵鸟只露出一小部分的身体，脖子向前探，速度缓慢。我曾经两次看见几只鸵鸟穿越圣克鲁斯河，河道约400米宽，而且水流湍急。斯图尔特船长在澳大利亚的马兰比吉河向下漂流时，曾见过两只鸸鹋在游水。

当地人从远处就能认出美洲鸵鸟的雌鸟和雄鸟，因为雄鸟体形略大，颜色略深，头部也大一些。另外，我认为，能发出低沉的嘶嘶声的是雄鸟。我第一次听到这种声音时，有几只美洲鸵鸟正站在几个沙丘中间。开始，我还以为是什么动物在叫，完全判断不出声音

达尔文说 我听一个高乔人说，他曾见过一只白化美洲鸵鸟，浑身雪白，十分美丽。

从何处来，以及离我有多远。

9月和10月时，布兰卡港附近的效野到处都是鸵鸟蛋。有的蛋散落在外面，它们永远都不会孵化，西班牙人称其为"huacho"，意思是被抛弃的蛋。有的蛋被放在一个坑里，这就是鸵鸟的窝。我曾见过四个鸵鸟窝，其中的三个各有22个蛋，剩下的那个有27个蛋。一天，我骑马去打猎，无意中发现了64个鸵鸟蛋，其中44个是从两个窝里找到的，其他的20个散落在各处。高乔人认为，雄鸵鸟负责孵蛋，并且会陪伴幼鸟一段时间。雄鸵鸟孵蛋时会紧贴地面，有一次我就差点儿踩到一只。据说，在这个时候，它们最具危险性。曾经发生过雄鸵鸟攻击骑马人的事件，那只鸵鸟企图踢他或者踩他。跟我这么说的人指着一个老人说，他就曾经被美洲鸵鸟追赶，吓得魂飞魄散。我在布切尔写的非洲南部游记里看到，他"杀了一只羽毛脏兮兮的雄鸵鸟，而 霍屯督人 说，这是一只正在孵蛋的鸵鸟"。我知道，动物园里的雄

霍屯督人：生活在非洲大陆南部的一个民族。

鸸鹋也是这么孵蛋的。这么说来，雄性孵蛋是此科动物共有的习性。

据高乔人称，好几只雌鸵鸟会在一个窝里下蛋。有人告诉我，曾看过四五只雌鸟，在一天中午时一个挨一个地在同一个窝里下蛋。我知道，在非洲有两只以上的雌鸟也是如此下蛋的。这种习性非常奇怪，但也解释了为什么一个窝里的蛋有20～40个不等，有时还会多达50个。阿扎拉称，甚至会出现一窝里有七八十个蛋的情况。情况是这样的，某个地区鸵鸟蛋的数量与成年鸵鸟的数量都很多，考虑到雌鸵鸟卵巢的状况，一只雌鸵鸟在每一季都能产下很多蛋，不过产蛋要持续很长时间。阿扎拉说，一只家养的雌鸵鸟每隔

达尔文说

利希滕斯坦曾在自己的著作中称，雌鸵鸟在下了10~12个蛋之后就能孵卵，然后会继续在别的窝里下蛋。但我认为这不太可能。另外，他还坚称四五只雌鸵鸟和雄鸵鸟是一起孵蛋的，而且雄鸵鸟只负责夜晚孵蛋。

3天就能产下1个蛋，它最后一共产了17个蛋。要是雌鸵鸟亲自孵蛋，那等不到最后一个蛋出来，第一个蛋早就腐烂了；要是每只雌鸵鸟都在不同的窝里下蛋，同时又有好几只雌鸟一起下蛋，那么一个窝里的蛋很可能时间差不多；要是每个窝里的蛋，跟一只雌鸟在一个季度内下的蛋总数近似，那么窝的数量应与雌鸟的数量一样；雄鸟需要承担孵蛋任务，因为雌鸟还没下完蛋，肯定不能亲自孵蛋。之前提到过的被抛弃的蛋，一天也能找到20多个。居然抛弃这么多蛋，真是令人奇怪，难道是因为雌鸟找不到同伴来共同生蛋，或者找不到雄鸟帮忙孵蛋？当然，一开始应该有至少两只雌鸟愿意合作，否则蛋就会散落在各处，雄鸟没办法一个个捡回窝里。也有些学者认为，被抛弃的蛋是给刚孵出的幼鸟食用的。然而，在美洲，这种说法不大现实，因为那些蛋在被找到时，虽然腐烂变质了，但大都完整无缺。

我多次听高乔人说，在巴塔哥尼亚北部的内格罗河一带，有一种罕见的鸵鸟，叫作美洲小鸵鸟。根据高乔人的说法，这种鸵鸟比美洲鸵鸟体形略小，但整体上非常相似。不过，

美洲鸵鸟

这种鸵鸟的颜色暗淡，还有斑点，腿较短，覆在腿上的羽毛位置偏低，而且用套索捕捉它们，比捉美洲鸵鸟更轻松。高乔人从远处就能分辨出这两种鸵鸟。很多人见过这种小鸵鸟的蛋，据说比美洲鸵鸟的蛋小一些，形状也不同，颜色偏淡青色。在内格罗河岸的平原上，很少看到这种小鸵鸟，但在向南1.5纬度的地方，就可以看到很多。当我们在巴塔哥尼亚的盼望港（南纬48°）时，马腾斯先生捉到过一只鸵鸟。那时候，我完全没想起来这种小鸵鸟。看了一会儿，我还以为是一只没长大的美洲鸵鸟。当我想起来时，它已经被煮熟吃

康拉德·马腾斯（1801～1878），英国画家，曾与达尔文一起参与了"小猎犬"号的第二次航行。

进肚子里了。还好，我将它的头、颈、两条腿、一对翅膀、许多大羽毛和大部分的皮留了下来，并用这些材料制作了一个颇为完整的标本，放在英国动物学会里展出。古尔德先生在阐述这个新物种时，用我的名字命名，我深感荣幸。

在麦哲伦海峡地区，有很多巴塔哥尼亚的印第安人部落，其中有一个混血的印第安人，他生在北方，却在本地生活了很多年。我问他知不知道美洲小鸵鸟，他说："在我们南边，几乎看不到别的鸟，净是这种鸟。"他还说，这种小鸵鸟窝里的蛋比别的种类的鸵鸟要少很多，一般不会超过15个，而且一个窝里不止有一只雌鸵鸟的蛋。在圣克鲁斯河岸，我们又发现了几只这种鸟。它们警惕心很强，没等人靠近，它们就注意到了。当往河上游走时，我也看到了几只，返程时看到了更多的这种鸟，有成双成对的，也有四五只一群的。据我观察，这种鸟在全速奔跑时，两个翅膀并不张开，这点跟

达尔文说 我们在内格罗河地区听说，多尔比尼经过不懈努力，于1825年到1833年穿越了南美洲大部分地区，采集了许多标本，并据此集结成册，准备出版。他的这一成就使自己跻身最伟大的美洲旅行家行列，仅次于洪堡。

马丁·多布里茨霍费尔（1717～1791），在南美洲进行传教活动的传教士。

美洲鸵鸟不同。所以，我认为，美洲鸵鸟生活在拉普拉塔河到南纬41°的内格罗河南岸，而美洲小鸵鸟则生活在巴塔哥尼亚南部，内格罗河附近是分界线。道尔比尼先生在内格罗河考察时，很想捉住一只这种鸟，但始终没有成功。

多布里茨霍费尔 很久之前就知道这两种鸵鸟，他说："要知道，不同地区的鸸鹋大小和习性也不一样，布宜诺斯艾利斯和图库曼地区的鸸鹋，体形较大，羽毛有黑白灰三色，而麦哲伦海峡地区的鸸鹋体形小，白色羽毛的尖端是黑色，黑色羽毛的尖端是白色，非常漂亮。"

小籽鹬

南美洲还有一种常见的鸟类，十分特别，叫作小籽鹬。从习性和外形上看，它们很像鹌鹑和沙锥鸟，虽然这两种鸟也不太一样。小籽鹬在整个南美洲的南部都很常见，无论是广袤的荒原，还是干燥的牧场。它们成对或者三五只一起活动，出没在偏僻贫瘠、草木不生的地方。一有人接近，它们就紧贴着地面趴下，因为它们身上的羽毛和土地的颜色十分接近。在吃东西的时候，它们两腿分开，步态缓慢。小籽鹬喜欢在路上或者沙子里扬尘，总是钟爱一些特别的地方，每日都会在那里出现。它们像鹌鹑一样，结伴飞行。以上这些习性，以及它们适合食草的砂囊、强壮的肌肉、弓起的喙、多肉的鼻孔、小短腿和爪子的形状，都很像鹌鹑。不过，要是你看过小籽鹬的飞行姿势，就会发现两者完全不同。小籽鹬的翅膀又长又尖，与鸡形目迥异。它们有着不合常规的飞行姿势，起飞时叫声响亮，这又很像沙锥鸟。"小猎犬"号的猎人都叫小籽鹬"短嘴沙锥"。从骨架上来说，它与沙锥属，或者说和涉禽科更为接近。

有几种南美洲的鸟类，与小籽鹬关系十分接近。阿塔其属的两种鸟，习性跟松鸡一样，其中一种出没于火地岛的森林边缘，另一种则在智利中部的科迪勒拉山脉的雪线下面生活。还有一种叫作白鞘嘴鸥，在南极地区可以见到，以海草和潮湿礁石上的贝类为生。这种鸟的趾间虽没有蹼，但它们却有一种很奇怪的习性，使人们总能在遥远的海域看到它们。这个小科的鸟类，在与其他科的关系方面，给博物学家分类造成了麻烦，不过在未来，它们一定会对揭开古今生命蓝图的架构有所帮助。

灶 鸟

灶鸟属有好几种鸟，个头都很小，栖息在空旷干燥的野外。从身体构造来说，它们与欧洲的鸟类完全不同。鸟类学家把它们归入旋木雀科，但灶鸟的习性不符合这个科的特征。人们最熟悉的一种灶鸟，就是拉普拉塔灶鸟，西班牙语称之为"casara"，意思是"造窝鸟"。顾名思义，这是以它们自己造窝的习性来命名的。灶鸟把窝建在最明显的地方，比如柱子的顶端、仙人掌的枝叶上。窝由淤泥和草秆做成，粗厚而结实，看上去像一个炉子，或者像压平的蜂巢。窝的开口很大，呈弧形，内有隔层，接近顶部，把窝隔出一条小通道，然后才是真正的窝。

还有一种个头略小的灶鸟属的鸟类，即小灶鸟，羽毛发红，叫声尖锐，跑起来一跳一跳的，很奇怪。西班牙人叫它们"casarita"，意思是"小造窝鸟"，虽然它们造窝的方式与其他灶鸟完全不同。小灶鸟把窝筑在狭窄的圆洞底部，据说洞在地下能伸展1.8米。几个当地人曾说，在他们小的时候，想把小灶鸟的窝挖出来，但从来没能挖到底。这种鸟习惯在路边或者小溪边的结实地方筑窝。布兰卡港的房屋都是用结实的淤泥建成的。我租住的那一家的墙上就有几十个小圆洞，已被凿空。我问房东这是怎么回事，他气愤地抱怨说，是小灶鸟干的好事。后来，我亲眼看到它们筑窝的过程。奇怪的是，它们完全不知道"厚度"是什么，虽经常在墙两边徘徊，却还是白费力气地在墙上凿洞，以为找到了做窝的堤岸。我能想象，当它们把墙凿穿，见到另一边的太阳时，是有多么惊讶。

犰狳

布兰卡港地区有三种犰狳科的动物，即小犰狳、长毛犰狳和懒犰狳，其中小犰狳生活在比其他两种更靠南的地方。另外还有一种叫作七带犰狳的，分布在南部，但不越过布兰卡港。这四种犰狳习性相似，但只有长毛犰狳夜晚活动，其他都是白天活动，出没于空旷的平原上，以甲虫、幼虫、草根甚至小蛇为生。

懒犰狳，也叫"mataco"，背上有三条可以活动的甲带，其他的甲片都不能活动。它们可以把自己缩成一团，看上去很像英国的一种潮虫。这样一来，狗也无可奈何，因为狗不能把它们一口吞下。如果从旁边咬，球就滚动逃走了。懒犰狳的甲片非常光滑，比刺猬的尖刺更能起到保护作用。

小犰狳喜爱干燥的土壤，尤其偏爱海岸边数月没有水侵袭的沙丘。它们常常趴在地上，躲避天敌的捕食。有一天，我在布兰卡港一带骑马，看到好几只小犰狳。要想抓住它们，必须迅速地从马上下来，因为它们会很快钻进土里。我还真不忍心杀掉这种可爱的小动物。听一个高乔人说，有一次他在一只小犰狳背上磨刀，它就安安静静地待着不动。

爬行与两栖动物

布兰卡港附近也有很多种爬行动物，其中有一种三角头蛇，也叫作"科飞亚"，其毒牙的毒槽粗壮，一看就是致命的。居维叶与一些博物学家的看法不同，他把这种蛇归为响尾蛇亚属，认为其介于响尾蛇属和蝰蛇属之间。我认为这样分类是正确的，因为我看到的一个事实可以作为佐证。这件事也说明，每一种特征，包括相对于整体构造非常独立的特征，在不同物种身上会发生缓慢的变化。这种蛇的尾部有一个粗大的尖，当它爬行时，那个尖总在不停地晃动，打到草木上，发出短促的声音，2米之内都能清楚地听到。当这种蛇受到刺激或被激怒时，它会剧烈地晃动尾部，直到危险解除。所以，这种蛇既有蝰蛇的一些构造，也有响尾蛇的某种习性，不过它发出声音的器官比响尾蛇的要简单。

三角头蛇面目狰狞，瞳孔呈一条直线，虹膜为古铜色的，但是有斑点，双颌相距甚宽，三角鼻突出。除了吸血蝙蝠，它是我见过最丑陋的动物了。这种厌恶源于其面部器官的排列，就像人的五官一样。

至于无尾两栖类，我在布兰卡港附近只找到一种小蟾蜍，它的颜色非常特别。这么说吧，把一种物体浸到最黑的墨汁里，然后拿出来晾干，再放到一块大红色的木板上，让物体的脚底和腹部染上红色，这样就很接近这种蟾蜍的颜色了。如果它没有被命名过，我打算将它命名为魔鬼蟾蜍，因为要挑一种动物去挑唆夏娃，它肯定最合适。

其他蟾蜍都是夜行动物，栖居在阴暗潮湿的沟里，但这种蟾蜍却在白天出没，在干旱的沙丘和寸草不生的乡野里活动。它肯定能吸收露水里的水分，而且多半是通过皮肤把这些水分吸干，因为这类动物的皮肤吸水能力很强。在马尔多纳多时，有一个和布兰卡港一样干旱的地区，我在那里找到过一只小蟾蜍。我想帮帮它，就把它放进一个水沟里。可令我没想到的是，它竟然不会游水。要是我没把它捞起来，它肯定很快就被淹死了。

这里也有很多蜥蜴，但同属一种。这种蜥蜴出没于海岸边光秃秃的沙地上，褐色鳞片上带有白色、红色和灰绿色的斑点。当它们趴在地上时，人们很难将其一眼认出来。这种蜥蜴受惊后会装死，四腿伸直，身体放松，眼睛紧闭，再受刺激，便会钻进沙地里。它们身体扁平，四肢短小，因而跑得不快。

冬　眠

再说一些布兰卡港地区动物的冬眠情况。1832年9月7日，我们第一次到达布兰卡港。那时这里满目荒芜，我就以为没有什么动物生存。不过，挖开地面之后，我才发现一些昆虫、大蜘蛛和蜥蜴蛰伏在地下。9月15日，少数动物开始出没，等到了18日，春回大地，原野上突然开满了鲜花，石竹、酢浆草、野豌豆、月见草和老鹳草，争奇斗艳。各种鸟类开始下蛋。金龟子类和异跗节类的昆虫在地上爬行，后者的身上有深深的雕纹，十分惹人注目。住在沙土里的蜥蜴也开始出来活动。之前的11天，"小猎犬"号上每两小时测一次气温，此时平均温度约10.6℃，白天最热的时候，也不会超过13℃。之后的11天，万物复苏，平均温度达到14.5℃，最热时在15.5℃~21℃。虽然平均温度只升高了7℃，但最热时的温度却提高了很多，足以唤醒沉睡的生命。

我们的船从蒙得维的亚过来，在7月26日到8月19日的25天里，我们观测了276次气温，平均温度约为14.6℃，最高温度平均为18.6℃，最低温度平均为7.8℃。在所有的观测中，最低温度是5.3℃，最高温度在20.6℃~21℃摇摆。温度很高，但是所有甲虫、几个属的蜘蛛、蜗牛、陆栖软体动物、蟾蜍和蜥蜴，还躲在岩石底下睡觉。再往南4个纬度，即布兰卡港，天气更冷，虽平均气温相近，但是最高温度低了许多。尽管如此，仍有许多沉睡的生命醒了过来。这足以说明，唤醒冬眠动物的要素并不是绝对温度，而是该地区的气候条件。所有人都知道，决定热带动物冬眠的，确切地说是夏眠的，并不是温度，而干旱的起止时间。我曾经在里约热内卢一带看到过，一些小水沟灌满水后，很快就充满了软体动物和甲虫。洪堡也讲过一件奇怪的事，一个建在干硬淤泥上的印第安人的茅屋，下雨之后，屋子倒塌，原来淤泥里有一只沉睡的鳄鱼。他还说："印第安人经常发现一些昏睡的巨蟒或水蝾，要叫醒它们，就得向它们泼水，弄湿它们。"

巴塔哥尼亚沙箸

接下来，我还想说一种植物形动物，即巴塔哥尼亚沙箸。这是一种有着笔直茎部的动物，身长20厘米~60厘米，多肉，各个侧面都交替排列着水螅沙箸的尖端肉质部分的中间具有一个腔室，里面填充着一种黄色的黏稠物质。在显微镜下观察这种物质，发现其具有奇特的外观，由半透明的球状小颗粒组成。这些小颗粒形状毫无规律可言，常聚在一起形成一个大小不一的颗粒。这些小颗粒和聚合颗粒都在快速运动，其中大部分都在绕着不同的轴转动，也有少部分在向前运动。低倍放大镜就能观察到这种运动，但在高倍放大镜下观察，也找不出这种运动产生的原因。这种运动是围绕轴来进行的，与在弹性袋里的液体旋转运动完全不同。我在显微镜下解剖渺小的水生动物时，见过一些黏稠物质的颗粒被拨开之后，便立刻开始旋转。我想，也许这种黏稠物种是卵细胞的前体，它们的运动是在形成卵细胞，但我的这个想法很难得到证实。不过，就目前观察所得的结果来看，这一个猜测应该是正确的。

体，向外凸出，茎部有一根有弹性的石质轴心。其一端平整，好像被截断了一样，另一端有肉质突起物。支撑茎部的石质轴心，其实是填满了小颗粒物的管子。水位低时，沙滩上立着许多沙箸，平面向上，高出数厘米。它们受到碰触或刺激时，会缩进淤泥中，消失不见。石质轴心本来就有些弹性，缩进淤泥时，底部弯曲得更加厉害。在我看来，依照这样的弹性，重新立在淤泥上也没有问题。上面的水螅体虽然彼此相连，但都有自己的口、躯干和触手。在体形较大的沙箸上，密密麻麻布满水螅体，这些水螅体同步活动，共用一个轴心，和一套隐蔽的循环系统相连，卵子也在不同个体的同一器官里产生。

说到这里，也许有人会产生疑问，这种奇怪的动物究竟是什么呢？翻阅老航海家的日记，就会看到一个传说反复出现，其可以解释沙箸的习性。兰开斯特船长在1601年写的《航海记》中说，在东印度群岛的松布雷罗岛上，有一种像小树一样的细枝，要把它拔出来，就得花费巨力，否则它就缩进土里。拔起来后，发现它的根是一个大虫子。枝越长根越大，虫子就越小。等到虫子完全变成树根，就会扎进土里，细枝就会长成大树。这种会变形的生物，是他此行见过的最奇怪的东西了。树木细小时拔出，去掉枝叶，等它晾干后，就变成了石头，像白珊瑚一样。这种神奇的虫子，可以变成树木，也可以变成石头。于是一行人收集许多，带了回去。

Chapter 5

从布兰卡港到
布宜诺斯艾利斯

1833年9月8日，我骑马前往布宜诺斯艾利斯，路上我雇了一个高乔人。找人的过程破费心力，先找的那个人的父亲不放心他跟我同去；再找的那个人性格胆小怯懦，我不敢用他，因为别人跟我说，就算远处是一只鸵鸟，那个人也会看成印第安人，马上逃之夭夭。

绍塞河

从布兰卡港到布宜诺斯艾利斯约有450千米，一路上都是荒无人烟的平原。我们早上出发，从布兰卡港草木旺盛的盆地上坡走一两百米，就到了一片广袤的大草原上。此地是由蓬松的黏土石灰岩层构成的，因为气候干燥，枯草丛生，没有一棵树或灌木能打破这单调乏味的景致。虽然是大晴天，但空气中却有蒙蒙的雾气。我以为这是大风将至的征兆，但高乔人说这是由于平原的远处起火了。我们长途奔袭了一段时间，换了两次马后，来到绍塞河。这条小河，宽不到8米，但水流湍急。河边有一个驿站，是去布宜诺斯艾利斯路上的第二个驿站，再往前走几步便是让马匹过河的地方，那里的河水还不到马腹。然而，自此到入海口，再没有可以过河的渡口，因而这条河成为阻挡印第安人的天然屏障。

虽然这是一条小河，但在耶稣会教士福尔克纳的地图中，它被绘制成一条发源于安第斯山脉的大河。福尔克纳的看法也许没错，因为高乔人对我说，在干旱的夏季，这条河会像科罗拉多河一样定期泛滥，这是由于安第斯山的积雪融化造成的。所以，它虽然看上去是一条小河，但也能穿越整个大陆，流入海中。假如它是一条大河的残留，依照以往的经验，河水应该是咸的。在冬天，这条河的河水清澈透明，肯定是来自本塔纳山的山泉水。我猜测，巴塔哥尼亚平原像澳大利亚平原一样，有许多河流纵横，不过要到特定的季节，水流才会正常。也许，在盼望港入海的河流也是如此，丘布特河也一

丘布特河：位于南美洲阿根廷南部，起源于安第斯山脉，流入大西洋。

样。在丘布特河岸，"小猎犬"号上参与测量工作的军官发现了大块的火山岩碎块，上面布满蜂窝状的孔洞。

打 猎

9月11日，我们来到途经的第三个驿站，并决定在此地停留两天。13日早上，我们出发去打猎，虽然收获不多，却很尽兴。打猎开始时，大家分头行动，约好了集合的时间，并约定从不同方向包抄猎物，把它们往中间赶。之前有一次我在布兰卡港打猎，那里的人就排成新月队形，彼此相距400米。那时，几个骑手驱赶着一只健硕的美洲雄鸵鸟，试图让它改变方向。鸵鸟跑到一侧，想逃离。高乔人骑马追在后面，每个人都拉起了流星套索，在头上挥舞。在最前面的那个骑手扔出流星套索，套牢了鸵鸟的双腿。鸵鸟马上倒下，在地上苦苦挣扎。

这里的平原上生活着三种鹧鸪，其中两种和雉鸡大小一般。它们的天敌是一种好看的、数量很多的小狐狸。一天下来，至少可以见到四五十只小狐狸。它们多在洞穴附近活动，不过我们的猎犬还是咬死了一只。等回到驿站，看到两个单独打猎的猎人也回来了，他们杀死了一头美洲狮，还找到一个美洲鸵鸟的窝，捡了27个鸵鸟蛋。据说一个鸵鸟蛋的重量和11个鸡蛋一样，这样说的话，他们相当于从一个鸵鸟窝里捡了297个鸡蛋。

瓜尔迪亚·德尔蒙特小镇

花

果实

9月19日，我们来到瓜尔迪亚·德尔蒙特。这是一个美丽的小镇，房屋分散开来，中间夹着许多果园，里面种着桃树和 榅桲 树。此处很像布宜诺斯艾利斯的郊区，草木如茵，常见各种苜蓿和蓟类，以及绒鼠挖出的许多洞穴。过了萨拉多河之后，景致完全不同，这引起了我的兴趣。之前是乱草丛生的荒原，过河之后突然变成了绿草萋萋的草原。一开始，我以为是由于不同的土质构造造成的，但当地人说，这是由于牲畜的粪便肥沃和放牧畜群所致，就像在拉普拉塔河东岸，蒙得维的亚的郊区和科洛尼亚居民稀少的平原差别很大一样。同样的情况也发生在北美洲的大草原上。原来有两米高的草，在经过放牧后，变成了一般的牧场。我对植物学不太在行，不知道这是因为引进了新物种，还是因为原来的草种发生了变化，或者不同草种的比例发生了变化。阿扎拉也注意到这一奇怪的现象，一条道路的两侧，居然生长着附近没有出现过的植物，对此他也很困惑。他还在书中提及："野马喜欢在路边排便，所以路边经常看到大堆的马粪。"这是否能够解释之前的状况，即随着这些道路变成该地区牲畜往来的通道，粪便的堆积使这些道路两旁的土地更加肥沃呢？

在瓜尔迪亚·德尔蒙特附近，我们找到两种欧洲植物的南方分界线。这两种植物常见于此地。其中一种是茴香，布宜诺斯艾利斯、蒙得维的亚以及其他城镇，乡野的沟壑边上都能看到大丛的茴香；另一种是 刺菜蓟 ，分布更为广泛。刺菜蓟在科迪勒拉山脉的两侧，沿着同一纬度，遍布整个大陆。在智利、恩特雷里奥斯以及拉普拉塔河东岸数百万千米的地方，都生长着这种多刺植物，密密麻麻，使人和牲畜都难以穿过。在绵延起伏的平原上，只要有刺菜蓟生长的地方，就看不见其他植物。不过，在它们没有被引进南美之前，这里肯定和其他地区一样，生长着茂盛的草种。我不清楚，是否其他植物像刺菜蓟一样，如此排斥其他物种。我前面曾说过，之前没有在萨拉多河以南看到刺菜蓟，然而随着这里人口的增多，刺菜蓟的分布范围可能会越来越广。它与潘帕斯草原上的 大蓟 （叶子上有彩色斑点）情况不太相同，我在绍塞河谷看到过大蓟。

莱伊尔先生认为，自1535年拉普拉塔的第一批殖民者带过来72匹马后，这里发生了巨大的变化。数量庞大的牛马羊群，改变了这里的植被，也使原驼、鹿和美洲鸵鸟的数量逐渐减少。肯定也有其他微小的变化发生。在某些地方，野猪也许取代

达尔文说 多尔比尼

称，这里有野生的刺菜蓟和洋蓟。胡克博士将此地产的几种菜蓟属植物用inermis统一命名。他说，植物学家普遍认为刺菜蓟和洋蓟是同一物种的不同变种。这里要补充一点，有个精明的农民说自己曾在一个荒废的花园里看到过洋蓟变成刺菜蓟的例子。胡克博士认为，海德描述的潘帕斯平原的蓟类就是刺菜蓟，但我认为不是这样的。海德曾经描述过的植物应该是我后文提到的大蓟。大蓟是否属于蓟类，我不了解，但是它和刺菜蓟的区别很大，样子更像蓟，所以才叫它"大蓟"。

了西貒；在一些人迹罕至的森林里，野狗常对着夜空嗥叫；家猫个头变大，并且更为凶猛，栖息在岩石丛生的丘陵地带。多尔比尼先生曾说过，自从这里有了家养动物之后，秃鹫的数量就成倍增长，而之前也有证据显示，它们的栖居地已向南扩张。当然，除了茴香和刺菜蓟外，还有许多植物都已经适应了这里的水土。在拉普拉塔河河口附近的小岛上，长着许多桃树和柑橘树，是河水将这些植物的种子带到岛上的。

这一天剩下的时间，我们都在大草原上骑马奔袭。所经之地有很多牛群和羊群，偶尔还会有一两个庄园，以及一种南美商陆树。夜晚下了一场大雨，我们赶到一个驿站。主人说，要是我们没有正式的证件，就不能住下来，因为盗匪太多，他必须加以防备。但当他看到我的护照时，才看到打头的"尊敬的博物学家查尔斯"，他的疑虑就消失了，马上毕恭毕敬地接待了我们。我怀疑，他和他的同乡都不知道博物学家是什么，尽管这样，这个头衔也起到了一些作用。

布宜诺斯艾利斯

9月20日中午，我们抵达布宜诺斯艾利斯。乡野非常漂亮，龙舌兰围成了篱笆，橄榄树、桃树和柳树也散落乡间，这个时候刚刚吐出嫩芽。我骑马去英国商人兰姆先生的家里，并在那里停留了几天。他热情地款待了我，令我十分感激。

布宜诺斯艾利斯市区颇大，算得上是世界上比较整齐划一的城市了。街道都十分整齐，交叉垂直，间距相同。房子都是正方形，四个组成一个院落。所有的房间都向着中间的小庭院开门。房子大多只有一层，屋顶平整，大都放

达尔文说　据估计，布宜诺斯艾利斯人口约6万。蒙得维的亚是拉普拉塔河畔第二重要城市，人口约1.5万。

了些椅子，夏天时可以上去乘凉。市中心有广场、政府机构、城堡、教堂等。在革命发生之前，旧总督府也在这里。市中心的建筑物单独看起来很普通，但组合在一起就呈现一种建筑学上的美感。

9月27日傍晚，我出发前往圣菲，做了一次短途旅行。圣菲在巴拉那河岸，距离布宜诺斯艾利斯约500千米远。

9月28日，我路过小镇卢汉。河上有一座木桥，在桥梁不多的当地，它真是方便了行人。然后，我来到阿雷科，此处的原野看上去很平坦，但实际上并不是如此。这里的庄园彼此间距离不近，牧场的质量不高，只有一片片苦车轴草和大蓟。这种大蓟，海德上校曾对它们有过生动的描述。在这个季节里，大蓟已经长了三分之二。在有些地方，它们长得和马背一样高，而在另一些地方，却还没发芽，地面还是光秃秃的，像马路一样布满了尘土。一丛丛的大蓟绿得发亮，仿佛一座小小的森林，让人心旷神怡。等到它们长成之后，密密麻麻，人和牲畜无法穿行，里面错综复杂得如同迷宫。有些强盗熟悉蓟丛，他们总是潜伏在此，夜晚出来打家劫舍，干尽坏事。我问一个房子的主人，强盗是不是很多，他说："大蓟还没长好呢！"乍一听这话，不明所以，但细想一下，也能理解其中之意。在蓟丛中穿梭，只能看到一些绒鼠和它们的伙伴穴鸮，没有其他鸟兽栖息在此。

绒鼠与穴鸮

绒鼠在这一带名声响亮，是潘帕斯草原的一大特色动物，常见于内格罗河（南纬41°），再往南便没有了踪迹。它们不能生存在巴塔哥尼亚的乱石荒原上，喜欢黏土或者沙土地，因为里面的植被丰富旺盛。在门多萨一带，安第斯山麓中，有一种在高山上生活的绒鼠的近亲。绒鼠的地域分布有些奇怪，乌拉圭河以东没有绒鼠的踪影，而那里

达尔文说 绒鼠在某些方面与大个的兔子很像，不过啮齿和尾巴更大一些。绒鼠和刺豚鼠相同，后爪也有三趾。最近几年，大量绒鼠被运往英国，制成珍贵皮张。

的平原非常适合它们生存。绒鼠迁徙时，无法穿过乌拉圭河，却能够跨过比其更宽的巴拉那河。在两条河中间的恩特雷里奥斯地区，也常能见到绒鼠。它们最喜欢待在一年中多数时间长满了大蓟、没有其他植物的地方。

据高乔人说，绒鼠以草根为生。它们强大的啮齿以及常去的地方都证明了这一观点。到了夜晚，绒鼠会跑出洞穴，安静地蹲坐在洞口。这个时候，它们脾气温顺，即使有人骑马从旁边经过，它们也只是安静地待着。绒鼠奔跑起来非常笨拙，遇到危险就会停下来。它们逃命时翘起的尾巴以及短小的前肢，很像个头大一点儿的老鼠。它们的肉弄熟以后呈白色，虽然美味，但很少有人会吃。

绒鼠有一个怪异的习性，喜欢把所有坚硬的物体拖到自己的洞口，所以每个绒鼠洞的洞口，都会有很多牛骨、石头、大蓟的茎、土块、干燥的粪便等，乱七八糟地散落着，足够堆满一辆小推车。我曾听说，一个人在晚上骑马赶路时，不小心弄丢了怀表。早上，他沿着绒鼠洞的洞口搜索，很快就找到了那块表。这种搜刮东西的习性，给当地居民带来了极大的不便。我虽不知道它们这样做的原因，但肯定不是为了防御，因为这些东西主要放在洞口的上方，而洞口通往底下的坡道倾斜狭窄。当然，绒鼠的这个习性的形成肯定有其原因，只是当地人不太清楚。我知道唯一与此类似的情况，就是澳大利亚的园丁鸟。这种鸟会用细小的树枝做成好看的拱形过道，以便自己玩耍，还会搜集各种东西，比如陆地和海里的贝壳、骨头和鸟的羽毛，特别是颜色鲜艳的硬物。古尔德先生跟我说过，澳大利亚本地人要是丢了什么东西，就会去园丁鸟搭建的过道里找，他的一个烟斗就是这么找回来的。

穴鸮栖息在布宜诺斯艾利斯附近的平原上，它们会占据绒鼠的洞穴。然而在乌拉圭河东岸，它们则是自己挖洞。天气好的白天或者夜晚，穴鸮会成双结对地站在洞穴附近的山丘上。一旦受到惊吓，它们或者钻进洞中，或者尖叫一声飞到不远处，转过身来盯着追赶者。傍晚时分，它们总会发出"呼呼"的声音。我解剖过两只穴鸮，胃里都有老鼠的残骸。有一天，我看到一条小蛇被一只穴鸮杀死后叼走了。据说，在白天，穴鸮以蛇为主要猎物。在此，我还想说一下鸮类丰富多样的猎物。我在乔诺斯群岛上抓到过一只鸮，胃里都是巨大的螃蟹；在印度，有一种捕鱼的鸮，也会捉螃蟹。

圣 菲

10月2日，我们从 科龙达 经过，这里到处都是果园，村子美丽安静。从此地到圣菲，沿途有些凶险。沿着巴拉那河西岸再向北走，荒无人烟，印第安人常在这里出没，抢劫路人。这一地区的环境也适合强盗隐藏，因为这里并不是草原，而是开阔的林地，生长着低矮多刺的野生合欢树。

科龙达：位于阿根廷圣菲省中部，距圣菲47千米。

这天上午，我们抵达圣菲。我发现，这里与布宜诺斯艾利斯只差3纬度，但气候却大不相同。从当地人的衣着和肤色、南美商陆树高大挺拔的身姿、新品种的仙人掌和其他植物的增多，以及鸟类的种类来看，这两个地方有明显的差别。圣菲和布宜诺斯艾利斯之间并没有天然的地理屏障，两地的平原情况类似，出现如此大的气候差异，出乎我的意料。

潘帕斯草原的地质结构

10月5日，渡过巴拉那河，我到达对岸的小城圣菲巴雅达。因为河道分成好多支流，中间还有低矮的树丛，错综复杂，犹如迷宫，我们花了好几小时才过了河。到了城里，我拿着介绍信，找到这里的一位来自加泰罗尼亚的西班牙老人，他热情地招待了我们。圣菲巴雅达是恩特雷里奥斯省的首府，根据1825年的统计数据，这里有6000居民，而全省有30000人。尽管人口不多，但在历次革命中，这座小城遭受的灾难尤其严重。这里出了很多议员、代表、政府首脑，还有自己的常备军。将来的某一天，这里必然会成为拉普拉塔河一带最富庶的地方。此地土壤肥沃而多样，物产丰富，虽不靠海，却具备大岛的地形。巴拉那河和乌拉圭河两条河流，使这里成为重要的交通枢纽。

在此地，我逗留了5天，做了一些地质方面的考察，发现了新的情况。在峭壁下有一处地层，我在这里找到一些化石，是鲨鱼的牙齿以及一些已经灭绝的贝类。化石之上，是硬化的泥灰岩。泥灰岩之上，是潘帕斯草原常见的红土层，里面有石灰质结块和陆生四足兽的骨头。这一纵向剖面清晰地说明，这里曾经是个巨大的海湾，逐渐被陆地侵蚀，最后变成充满淤泥的河床，河上漂流的动物尸体也陷在淤泥里。在乌拉圭河东岸的蓬塔戈尔达地区，我发现了潘帕斯河口沉积层中有一层石灰岩，里面有一些已经灭绝的贝类，种类与这里的一样。这也许表明，以前的河道曾改变过方向，更有可能的是，古老河口的高度曾发生过波动。

潘帕斯草原现如今的地质结构，我认为是由河口沉积造成的。理由有三：一是河口的外形，二是它在拉普拉塔河口的位置，三是里面埋藏着众多陆生四足兽骸骨。然而，埃伦伯格教授为我分析了一些靠近乳齿象骨架的下层红土，发现其中有很多浸液虫，少数是咸水的，多半是淡水的。他据此认为水以前是咸的。多尔比尼先生在巴拉那河两岸30米高的地层中，找到过含有大量生活在河口的贝类化石。如今，这些贝类仍生活在下游的160千米处，更靠近入海的地方。我也曾在乌拉圭河岸地势低一点儿的地层发现过这些贝类。这说明，在潘帕斯草原缓慢上升，变成陆地之前，这些贝类都生活在咸水中。在布宜诺斯艾利斯处于下游的地区，一些上升的地层里含有现存的一些贝类种类的化石，这就说明潘帕斯草原的上升发生在距此时不久的时期里。

美洲物种分布

在巴雅达的潘帕斯沉积层中，我看到一片类似犰狳的巨大动物的骨质鳞甲。扒开泥土，鳞甲看上去像是一口大锅。另外，我还发现了箭齿兽、乳齿象、一匹马的牙齿化石，但它们全都腐烂脱色了。我对马的牙齿化石非常感

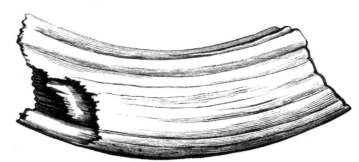

马牙齿化石

兴趣，经过仔细观察，发现它和其他化石的年代相同。我那时还没有意识到，在布兰卡港附近发现的化石中，有一颗是马的牙齿，而且当时我也不知道马的牙齿化石在北美是否常见。

达尔文说　从哥伦布时代的可靠证据来看，那时美洲是没有马的。

莱伊尔先生近来从美国带回一颗马的牙齿化石，有趣的是，这颗牙齿有一个小小的、特殊的弯曲。欧文教授把它和现存的物种做对比，没有任何发现。后来，他看到我在这里找到的标本，才找到了比较对象。他把那种美国马称为弯齿马。这在哺乳动物的历史上，是极其罕见的情况：原产于南美洲的马灭绝了，但在数年之后，西班牙人却带来了几匹马，使它们又能在这片土地上繁衍生息。

南美洲曾经生活着马、乳齿象、某一种象以及一种牛科的反刍动物，它们现在都已变成化石。 伦德先生 和 克劳松先生 在巴西的洞穴中发现了这些动物。这一事实对动物的地理分布考察有着重要的意义。目前，我们划分南北美洲的界线，不用巴拿马地峡，而是用

皮特·伦德（1801～1880），丹麦古生物学家、动物学家，主要在巴西进行考古研究，被誉为"巴西古生物学和考古学之父"。

皮特·克劳松（1804～1855），丹麦博物收藏家，在巴西与他人合开农场，并于农场的洞穴里发现了大量古生物化石。

墨西哥南部南纬20°作为分界线，因为这里巨大的台地会影响物种的迁徙，也会影响气候，在地理上形成天然的屏障——几条山谷和沿海的低地除外。如此一来我们便会发现，南美洲和北美洲的动物科系对比鲜明。因为只有

少数物种可以跨越屏障，比如美洲狮、负鼠、蜜熊和西貒。一般认为，它们是从南美迁移到北美的。南美洲的特色动物有各种奇特的啮齿动物，还有猿类、羊驼、西貒、貘、蜜熊，以及好几个属的贫齿目动物，包括树懒、食蚁兽和犰狳。而北美洲的特色物种，除了刚才列举的从南美迁移而来的以外，也有许多特有的啮齿动物和四个属的反刍动物（牛、绵羊、山羊、羚羊），而这四个属的动物在南美洲却不见踪迹。过去，在大多数现存贝类已经生存的时期，北美洲除了牛科的反刍动物，还有大象、乳齿象、马以及三个属的贫齿目动物，即大懒兽属、磨齿兽属、巨爪树懒属。

大约同一时期，有布兰卡港附近发现的贝类化石为据，如前段文字所言，南美洲有乳齿象、马、牛科反刍动物、同样三个属（另有别的几个种）的贫齿目动物。由此可以看出，南美洲和北美洲在陆生动物上的关系，在不久之前的地质时期要比如今密切得多。

想来想去，这件事情都非常有趣。很难找出其他例子，能把一个大区域分裂成两个具有鲜明特色的动物学区域，而且时间和方式还能分得如此准确。地质学家相信，不久前的地质时期产生的巨大变动，曾影响了地壳的形态，他们因此而推断，墨西哥台地近期缓慢上升过，也可能是因为西印度群岛的陆地在近期下沉，导致了目前南北美洲动物完全不同。西印度群岛的哺乳动物具有南美洲的特点，这似乎也表明，群岛在过去曾与南美大陆相连，后来下沉才变成现如今的样子。

北美洲之前存在大象、乳齿象、马和牛科反刍动物的时期，与欧亚大陆的温带地区的联系，在动物学特征方面要比如今密切得多。白令海峡两岸以及

达尔文说 居维叶称自己在大安的列斯群岛见过蜜熊，不过我对此表示怀疑。热尔韦先生称，在大安的列斯群岛有黑耳负鼠生活。事实上，西印度群岛确实存在一些特有的哺乳动物种类。另外，在巴哈马还发现过一颗乳齿象的牙齿。

西伯利亚平原上，都有这几个属的动物的遗骸，我们由此可以推测，北美洲的西北部，过去具有连接新旧大陆的通道。这几个属的动物，无论是已经灭绝的还是现存的，过去都曾生活在旧大陆，后来它们或许曾经沿着陆地，从西伯利亚迁徙到北美洲。其所经之地原来在白令海峡附近，不过后来已经下沉到海里。这些动物又从北美洲经过西印度群岛附近的陆地（现在也已下沉至海里）迁徙到南美洲，而后与南美洲特定的物种混居，最后灭绝了。

大干旱

停留在圣菲巴雅达时，我听好几个人说起过近来最严重的一次旱灾。他们的描述也许能让大家了解，为什么过去有数以万计的动物被埋在了一起。从1827年到1830年，南美人称这一时期为"大干旱"。在这个时期，降雨罕至，植被干枯，连蓟类都不能幸免。溪流干涸，乡野犹如尘土飞扬的马路，

欧文船长在其所著的《考察航海记》中说，生活在本格拉的大象在遇到干旱时，产生了一些古怪的行为。"一大群象涌进城市，来到一口井旁，因为它们在野外找不到水源。居民为了保护水资源，和象群发生了激烈的冲突。最终，入侵者被打败，但也有一个人被象群杀死，还有很多人受了伤。"欧文船长提到的这个城市据说当时有3000人居住。马尔科姆森曾说，印度的野生动物在一次严重的大干旱中，会偷偷溜进驻扎在韦洛尔的军队营帐内，其中有一只野兔就把部队副官水桶里的水喝光了。

伍德拜恩·帕里什爵士，生卒年不详，英国科学家、旅行家及外交家，曾于1825年到1832年任驻布宜诺斯艾利斯临时代办。

寸草不生。布宜诺斯艾利斯北部和圣菲南部受灾尤其严重，大量鸟类、野生动物和牛马因缺水而死。有人跟我说，为了解决自家人喝水的问题，他在庭院里挖了一口井，经常有野鹿过来喝水。山鹬遇到人类的追赶，也因渴而无力飞走。只布宜诺斯艾利斯一个省，就至少损失了100万头牛。圣佩德罗有个农场主，之前还有两万头牛，旱灾期间全部死亡。圣佩德罗土地肥沃，虽然现在拥有众多牲畜和鸟兽，但在大干旱时期，还得从外地用船把牲畜运来，供当地人食用。由于缺水，许多牲畜逃离农场，向南方游移，后来都混在一起，引发农场主的争执，布宜诺斯艾利斯政府只好派人过来调解。**伍德拜恩·帕里什爵士**还说起过另一件有趣的事，由于土地干旱，扬起了大量的尘土，因而掩埋了好多地标，于是引发了农场之间的土地纠纷。

一个目击者声称，大干旱期间曾有数以千计的牛扎进巴拉那河，却因为过于饥饿，没有力量爬出满是淤泥的河岸，于是溺死在其中。一个船长告诉我，那条流经佩德罗的河道里曾充满腐烂的动物尸体，味道极其难闻，根本无法通行。数不胜数的动物淹死在巴拉那河中，尸体腐烂后顺流而下，堆积在拉普拉塔河河口处。所有的溪流，最后都变成咸水，无法止渴，动物喝下去，倒地不起，所以一些特定的地方有很多动物死亡。阿扎拉描述过同样的情况，许多野马冲进沼泽，跑在前面的马很容易被后面的马踩踏致死。他还补充说，自己曾经看到过上千匹野马因此而死。我留意到，潘帕斯草原的一些小溪，河床上布满骨质角砾岩。这也许是长久以来沉淀的结果，而不是突发状况所致。1827年到1830年的大干旱过后，雨水连绵，洪水泛滥。所以，我可以肯定地说，数以万计的尸骸会被第二年的沉积物掩埋。一个地质学家看到如此多的不同种类、不同时期的动物，都掩埋在同一个土层中，他会怎么想呢？他难道不会认为这是因洪水泛滥导致的，而非正常状态下的死亡吗？

达尔文说　据了解，这种干旱是具备周期规律的，大概每隔15年出现一次。

美洲虎

10月12日，我原本计划前行，无奈身体不适，于是改变计划，搭乘一艘载重约100吨的单桅船，返回布宜诺斯艾利斯。这一天，天气不佳，船停靠在河中的一座岛上。巴拉那河有许多小岛，这些小岛此起彼伏，时有交替。船长想起来，有一座大的岛已经消失，又有几座小岛浮现，植被长势旺盛。这些小岛由泥沙构成，连一块小小的鹅卵石都没有，只高过水面1米多，洪水泛滥时便沉入水下。所有的小岛都一个模样，岛上有无数的柳树以及其他树木，树上缠绕着藤蔓，蓊蓊郁郁，水豚和美洲虎出没其间。由于害怕美洲虎，我在穿过这些密林时，毫无兴致。当天晚上，我独自散步，还没走100米，就发现了美洲虎的踪迹，毫无疑问这是刚刚留下的痕迹，我不得不原路返回。每座岛上都有美洲虎的踪迹。在前面的旅行中，人们谈论的主题还是印第安人的踪迹，到了这里，就变成了美洲虎的踪迹。

河岸两边的树林是美洲虎最喜欢去的地方。听说，在拉普拉塔河南岸，美洲虎经常出没于湖边的芦苇丛里。它们出没的地方都是水边，看来是离不开水。美洲虎经常以水豚为食，所以人们也说，水豚多的地方，美洲虎就不会吃人。福尔克纳也说，拉普拉塔河河口的南面有很多美洲虎，以鱼为食。这样的说法，我听过很多次。在巴拉那河一带，美洲虎咬死了很多伐木工人，甚至夜里会跑到船上。有个现在住在巴雅达的人说，他有天晚上从船舱里出来，被一只美洲虎抓住，几番挣扎之后，还是失去了一只手臂。遇到洪水泛滥时，美洲虎会离开小岛，走到岸上，这个时候是最危险的。听说几年前，圣菲教堂里跑进一只巨大的美洲虎。两个神父先后跑进教堂，都被美洲虎咬死，第三个神父好不容易才逃脱。后来，有个人爬到屋顶上，在一个没有顶盖的角落开枪，才打死了那只美洲虎。上岸后，它们也以牛马为猎物。听人说，美洲虎会咬断猎物的脖子，以此来杀死猎物。美洲虎进食的时候，如果被驱赶，很少会回来继续吃。高乔人说，美洲虎夜晚出没时，常有狐狸跟在身后，不停地叫唤。很巧的是，在东印度群岛，胡狼也用这种方式来骚扰老虎。美洲虎很喜欢在夜晚吼叫，特别是在暴风雨来之前，叫得更加厉害。

一天，我在乌拉圭河边打猎，有人指着几棵树给我看，说美洲虎经常在树上磨尖爪子。有三棵远近闻名的树，向阳处的树皮已经被磨得非常光滑了，侧面有深深的抓痕，形成一道道的沟壑，呈斜线伸展开，有近一米长。这些痕迹不是一次留下的。有一种判断附近有没有美洲虎的方法，那就是查看这些树上的抓痕。我认为，美洲虎的这个习惯与家猫类似。家猫也经常伸展四肢，在椅子腿上磨爪子。听说在英国一户人家的果园里，有一棵小果树上都是猫爪的抓痕。美洲狮也有这样的习性，因为我在巴塔哥尼亚见过一些裸露的土堆，上面就有很深的抓痕，绝不可能是其他动物留下的。我想，它们这样做的目的就是要磨去爪子的边缘，而非高乔人说的把爪子磨尖。要杀死美洲虎并不太难，只要放出猎狗，把它赶上树，然后开上一枪，它就死了。

由于天气恶劣，我们又在停泊的地方多滞留了两天，其间唯一的消遣就是抓鱼吃。我们抓到好几种鱼，味美可口，其中一种叫作"阿曼多"（鲇鱼属的一种），会在上钩的时候发出刺耳的声音，而且它们还在水中时人们就能听到这种声音，颇为奇异。这种鱼能用胸鳍和背鳍上的刺，牢牢地钩住任何东西，如桨和鱼线。这里夜晚温度很高，温度计显示有26℃。岸边还有萤火虫，一闪一灭，十分美丽。美中不足的是蚊子太多，把手露出5分钟，很快就覆满了一层蚊子。我想至少有50只，全都在吸我的血。

黑剪嘴鸥

10月15日，我们终于又出发了。我们漂流而下，速度很快，由于害怕天气变坏，便在天黑之前，停在一处狭窄的河道上。我划了一只小船，向上游前进。溪流狭窄，河道曲折，水也很深，两岸树木丛生，缠绕着藤蔓，看上

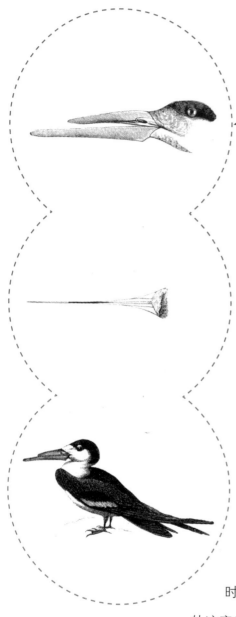

去很像陡峭的崖壁，为河道增添了几分阴郁。在上游，我看到一种奇特的鸟，叫作 黑剪嘴鸥 。它们的腿非常短小，趾间有蹼，翅膀很长很尖，大小与燕鸥相当。

黑剪嘴鸥的喙颇为扁平，角度与琵鹭或鸭的喙正好呈直角。它们的喙像象牙做的裁纸刀，光滑而有弹性，下喙比上喙长约4厘米，所以与其他鸟都不相同。马尔多纳多附近有一个湖泊，湖水快干涸了，所以水里到处都是小鱼。我看到一些黑剪嘴鸥组成小群，贴水面飞行。它们张开鸟喙，下喙深入水中，掠过时划过水面。水面像镜子一样平滑，黑剪嘴鸥一飞来就会在水面上留下一道道水波。飞的时候，它们常常快速扭动，灵巧地用伸展的下喙捞起小鱼，再用短一些的上喙夹住。我经常看到它们像燕子一样飞来飞去，有时候在离开水面时，它们又会飞得极快，飞行轨迹毫无规律可循，并发出刺耳的尖叫。它们捕鱼时，就能看出鼻翼长羽毛的优点——让它们保持干燥。它们的飞行姿态与很多画家笔下的海鸟十分相似。黑剪嘴鸥在毫无章法的飞行中，会用尾巴来掌控方向。

沿着巴拉那河深入陆地，多见黑剪嘴鸥。据说，它们整年都在这里生活，并在沼泽地里繁育后代。白天，它们在草原上歇息，远离水边。我们的小船停在巴拉那河的一座小岛上，傍晚时分，突然来了一只黑剪嘴鸥。水面沉静，许多小鱼浮上来。这只鸟长时间地飞来飞去，或者贴近水面飞行，或者在河流上方翻飞。夜幕降临，河面越发幽暗，它仍然在飞行。在蒙得维的亚，我曾看到一群黑剪嘴鸥，白天停在码头的淤泥里，就像在巴拉那河附近的草原上一样，晚上就飞向海边。从这些事实推测，黑剪嘴鸥一般在夜间捕鱼，因为那个时候会有更多的鱼类浮出水面。 莱森先生 曾在智利

> 勒内·莱森（1794～1849），法国博物学家。

的海边见到过黑剪嘴鸥打开沙滩上蛤蜊的贝壳。不过，它们的喙较软，下喙突出，腿短而翼长，由此推断这不是它们正常的觅食方式。

三种特殊习性的鸟

在巴拉那河航行时，我还观察过三种别的鸟类，在此说一下它们的习性。一种是小型翠鸟，尾巴比欧洲翠鸟的长一些，所以不能保持直立的姿势。跟欧洲翠鸟不同的是，这种鸟的飞行速度很慢，上下起伏，如同软喙鸟类。其发出的叫声低沉，像是两块小石头碰撞发出的声音。

另一种是绿色的小鹦鹉，胸口发灰，喜欢在岛上高大的树上做巢。好多巢筑在一起，连起来像个柴垛。它们成群活动，喜欢毁坏玉米地。我听说，在科洛尼亚，一年就能杀死2500只小鹦鹉。

还有一种鸟，尾巴交叉，末端是两片长羽，西班牙人称它为"剪尾鸟"，多见于布宜诺斯艾利斯附近。它们常常停在商陆树的枝头，从不飞行很远的距离，等捕到飞虫后，会马上飞回来。这种鸟的飞行姿态很像普通的燕子，不过它们能在半空中转很小的弯，转弯时尾巴会开合，有时沿水平方向，有时沿竖直方向，样子很像一把剪刀。

Chapter 6

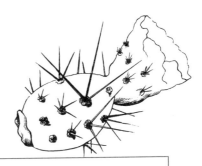

乌拉圭河东岸和
巴塔哥尼亚

布宜诺斯艾利斯被围期间，我耽误了近两周的时间。之后正好有船前往蒙得维的亚，我高兴万分，赶紧上船。过了几天，我抵达蒙得维的亚，发现"小猎犬"号还要几天才能离开，于是决定深入乌拉圭河东部地区，进行一次短途之旅。

牧羊犬

11月22日，我来到一个农庄，其位于贝尔凯洛河岸边，主人是个热情的英国人。我带着朋友兰姆先生的介绍信，在农庄住了3天。一天早上，我和主人骑马去位于内格罗河上游约32千米的佩德罗弗拉科丘陵。那里的牧草长势旺盛，高的地方超过马腹，然而一连数十千米都看不到一头牲畜。乌拉圭河河岸一带，草木丰沛，能养活数量惊人的牲畜。现在，蒙得维的亚每年出口的兽皮就有30万张，但也存在不少浪费的情况。一个农场主告诉我，他要把大群的牛赶去腌肉场，长途跋涉，疲惫致死的牛就得当场宰杀剥皮。而且，谁都无法说服高乔人吃这种牛肉，所以他们每晚都会另杀一头健康的牛做晚餐。从山顶望去，内格罗河风景如画，胜过其他地方。其河面宽阔，水流湍急，两岸石壁陡峭，树木葱郁，远方有如茵的草地，直达天际。

在这里停留期间，我经常听到人们提及北边很远处的库恩塔斯山。这座山的名字意为"串珠"。当地人告诉我，山上有很多小圆石，有各种颜色，中间都有一个小圆孔。以前，印第安人很喜欢收集这些石头，用来做项链和手链。我发现，无论是野蛮的部落还是文明的民族都非常爱美。我不知道该如何解释这件事，然而在好望角，当我向安德鲁·史密斯博士提出这件事后，他说自己曾在非洲东南部的海岸发现过类似的小石头，即在圣约翰河往东约160千米的地方有一些石英晶体，边缘已被磨平，和沙滩上的石砾混在一起。每一个石英晶体里也有一个圆形的小孔，大小正好能穿过一根较粗的缝衣针或者肠线。这些石英晶体呈红色或者白色，没有光泽。当地人对它们非常熟悉。我说起这些晶体，是想引起旅行者的注意，去研究这些晶体的实际构成，因为直到现在仍没有一种晶体具有这样的形态。

在此地逗留时，我听过一些关于牧羊犬的故事，很有意思。在草原上骑行时，我经常遇到一大群羊，只有一两只牧羊犬看着，与任何房子或牧民都相距甚远。我惊讶于羊群与牧羊犬之间的深厚情谊。听说训练牧羊犬的方法，就是从小把它和母狗分开，让它和羊群待在一起。找一只母羊，让幼犬每天吃三四次羊奶，然后在羊群旁边搭一个羊毛做的窝，让幼犬住着，与此同时还得禁止幼犬和其他狗或家里的孩子玩耍。等幼犬长大一些，它还会被阉割，让它以后不会对同类产生感情。用这种方法训练，牧羊犬就不会离开羊群，反而会像有些狗保护主人一样，保护羊群。不过好笑的是，一旦有人接近羊群，牧羊犬会马上冲过去，开始狂吠，所有的羊都会躲在它的身后，就像跟着头羊一样。牧羊犬也很容易掌握傍晚准时把羊群领回家的技巧。不过，这样的训练方式也有一个弊端，那就是幼犬和小羊玩耍时，会对小羊穷追不舍，弄得小羊疲惫不堪。

每天，牧羊犬都会跑进屋子里要肉吃，一把肉扔给它，它就会衔着悄悄溜走，看上去很害羞。这时，家里养的狗会表现得很霸道，即便是很小的狗也会跑出去追逐牧羊犬。等到牧羊犬跑到羊群身边，就会转身大叫，把家里的狗吓跑。同样，只要羊群有牧羊犬守护着，再饥饿的野狗也不敢来攻击（有人说完全不会攻击）。我觉得在整件事中，最匪夷所思的地方就是牧羊犬对羊群的忠诚。而且，不管是野狗还是家里养的狗，依着自己合群的本能，对于认真负责的同类，都会产生尊敬或者敬畏的情感。一群野狗竟然能被一只牧羊犬击退，这一情况让人很难理解。大概野狗认为牧羊犬也是羊群的一部分，这样的群体和一群狗一样有力量。 小居维叶 曾说过，任何驯养的动物都把人类当作其群体的一部分，因此实现自己的合群本能。在上面的例子中，牧羊犬就把羊群当作同伴，因此有了信心。

弗雷德里克·居维叶（1773～1838），法国动物学家，著名博物学家乔治·居维叶的弟弟。

野狗虽然知道单个的羊并不是狗，吃起来还很美味，但看到有一群羊并且由牧羊犬守护的时候，就部分地认同了群体的力量。

驯 马

一天晚上，一个驯马人过来驯服几匹小公马。我想，还没有一位旅行家讲过驯马的过程，所以我在这里说一说。驯马人先把一群年轻气盛的野马赶到围栏里，然后关上围栏的门。之后，驯马人会单独抓住一匹没有套过马具的野马。我想除了高乔人，其他人都无法完成这一步。高乔人挑选了一匹已经成年的马，在马沿着围栏转圈跑时，抛出套索，把马的两条前腿紧紧套住。马顺势倒在了地上，拼命挣扎。此时，高乔人拉紧套索，又做了一个绳圈，从马的腿关节下面绕一下，然后把马的一条后腿拉到前腿旁边，再给套索打上结，这样马的三条腿就被绑在了一起。接下来，高乔人坐在马的脖子上，用一条皮带穿过缰绳上的环扣，继续将马的下巴和舌头缠上好几圈绳子。之后，他用结实的皮带捆住马的两条前腿，打个活结，再松开原来捆住三条腿的绳索，野马会挣扎着站起来。这时，高乔人抓紧马的辔头，把马拉出围栏。要是有别人帮忙，他就会按住马头，让另外一个人搭上马衣和马鞍，扎好肚带，整个过程就变得简单多了。在驯马过程中，野马不习惯身体上的束缚，会使劲挣扎，在地上来回打滚，直到筋疲力尽，才无可奈何地站起来。装好马鞍后，野马由于受到惊吓，会一直喘粗气，口吐白沫，汗流浃背。高乔人紧紧地压住马镫，使马保持平衡，然后骑到马背上，松开绑着前腿的绳索，让马自由奔跑。有的驯马师在马还躺在地上时，就松开那个绳索，双腿跨过马鞍，让其在自己胯下，马会自己慢慢站起来，驯马师会顺势坐到马上。在这种情况下，马会因为害怕，先使劲跳跃几次，再绕圈狂奔。等跑累了，驯马师再把它带回来。此时，马已浑身是汗，精疲力竭，驯马师会让它自由活动。

最难驯服的马是那种不愿意奔跑、只在地上不停打滚的。对此种马的驯服必须非常严厉，两三次后，马就驯服了。但是，要彻底驯服，还得等上几星期，才能套上铁制的嚼子和硬环，因为必须让野马先学会通过缰绳来感知骑手的心意，否则再结实的辔头也不起作用。

这个地区有很多马，所以人们不会既考虑自己的私利，又顾及人道主义。我甚至觉得在这个地区，人们都不知道人道主义是什么。有一天，在潘帕斯草原，我和一位令人尊敬的农场主一起骑马。我的马很累，落在了后面。农场主多次大喊，让我用马刺刺它几下。我回答说马已经累了，不忍心再用马刺刺它，他却说："为什么不刺？没关系，直接刺，这是我的马！"我跟他解释，这是为了马好，而不是为了他的利益。对我的这个想法，他非常吃惊，说："啊，查尔斯先生，竟然是这样！"显然，他从来没有过这种想法。

高乔人都是远近闻名的骑手，他们不允许自己被马甩下来，让马为所欲为。他们评判好骑手的标准是能够驯服一匹不羁的野马，能够在马摔倒时自己站稳，以及其他驯马本领。我听说一个人曾打赌自己的马摔倒在地20次，自己能站稳19次。我还见过一个高乔人骑着一匹顽劣的马，那马立起来的过程太猛，连着三次都向后摔过去，而那个高乔人却非常冷静地判断下马时机，每次都毫发无伤。马一站起来，他就跳上马背，最终马被驯服了。

高乔人好像从来不用蛮力对待马。有一天，我和一个骑技很好的高乔人一起骑马。他骑得很快，我心想："你也太漫不经心了，要是马受惊了，你肯定得摔下来。"此时恰好有一只雄美洲鸵鸟从窝里跑出来，马上就要冲到马鼻子下了。那匹小马猛地一跳，就像小鹿一样。这个骑手也随着马跳了下来，看上去完全没事。

在智利和秘鲁，由于地形更为复杂，受驯的马要比拉普拉塔地区的吃更多的苦头。在智利，彻底驯服的标准是，在全速奔跑时，马能在指定的地点停下来。比如，随便扔一件衣服，马能在衣服前面停下；或者让马冲向墙，马上要撞上时，立起身体，前蹄刚好擦着墙面。我曾经看到过一匹马，其精力充沛，奔跑的速度很快，但骑手只用食指和大拇指控制缰绳，就可以让马绕着廊柱转圈，而且与柱子始终保持一臂的距离。过了一会儿，骑手勒住马，让它调头，向反方向绕圈，伸出手臂，手指依然能碰到柱子。这样的马，才算彻底驯服了。

这些训练或许看上去很普通，但要不是这般练习，怎能把日常会用到的技巧练到娴熟？比如，牛套上绳索就会转圈狂奔，但是马如果没有经过训练，被绳索套着，会因巨大的拉力而受惊，没法像牛一样绕圈，还可能会伤害骑手的性命。假如绳索套在人身上，牛和马朝反方向使力，人瞬间就会被一分为二。赛马也是经过训练的，毕竟赛道仅长两三百米，就是要马在瞬间提速。马经过训练，学会用前蹄触到起跑线，还得把四蹄并拢，一步冲出去，后面也能使出全力。

在智利，我听闻一件事，相信是真的。这件事能很好地说明驯马有多么重要。一天，一位绅士骑马出门，碰到两个人。他认出其中一个人骑的马是从他家偷的，于是要求两人归还马匹，结果那两个人拿出刀子追赶他。他的马跑得很快，把那两个人甩在身后。在跑进一个树丛后，他调转马头，突然停下，那两个人措手不及，只能从旁边绕过去。他马上追过去，冲到两人背后，趁机用刀子刺进其中一个人的后背，又刺了另外一个人。他从那个垂死的强盗手里夺回了自己的马，并把它带回了家。

要驯好马，需要两件东西：一个是沉重的马嚼子，就像 马穆鲁克人 用的嚼子，虽然不常使用，但是马十分清楚它的重量；二是又大又钝的马刺，可以轻轻碰触，也可以引发疼痛。我想，英国的马刺轻轻摸一下就会擦伤皮肤，根本没办法像南美人那样驯马。

> 马穆鲁克人：中世纪时，埃及人统治的奴隶中有一部分组成了一支强大的军队，这些人就被称为马穆鲁克人。

在拉斯巴卡斯河附近，有一个农庄，每星期都要宰杀很多母马，来获取马皮，虽然这只能卖很少的钱。为了这点儿薄利宰杀马匹，乍看上去很奇怪，但在这里，驯服母马或者骑母马都会被人笑话。母马除了繁育后代就没有什么用处了。只有一件事能用上母马，那就是让它们从麦穗中踩出麦粒，就是把小麦撒在地上，让母马在上面绕圈。宰杀母马的人很会用套索。他站在距围栏门口12米的地方，把马放出来，并打赌说自己能够套中每一匹从他身边跑过的马，不会失手。还有一个人走进围栏后能马上抓住一匹母马，捆住前腿，牵出来，把马摔到地上宰杀，然后剥皮，再把皮放在木桩上晒干（这道工序很烦琐）。他保证一天下来自己能宰22匹马，要是只宰杀和剥皮，他能完成50匹。这个工作量非常大，一般来说，一天能剥十五六张皮并晒干就已经很不错了。

箭齿兽的头骨

11月26日，我取道返回蒙得维的亚。据说内格罗河的支流萨兰蒂斯河的岸边有一处农舍，有人在那里发现了巨大的骨骼。我跟农舍的主人骑马前往，用18便士买下一具 箭齿兽的头骨 。

刚发现时，这具头骨非常完整，但后来被几个小孩挂起来当靶子，用石头敲掉了几颗牙齿。幸运的是，在距离此地约290千米的特塞罗河边，我找到了一颗完整的箭齿兽牙齿，与这具头骨上的某个牙窝正好对上。在其他两个地方，我也发现过这种大型动物的遗骸，由此可见，箭齿兽的活动范围一定很广。

在这个地方，我还发现了一只类似犰狳的大型动物的大片鳞甲，以及箭齿兽头骨的一部分。头骨很新，据里克斯先生分析，这个头骨还含有7%的动物组织，放在酒精灯上燃烧，它会产生小小的火苗。这些遗骨分布在乌拉圭河东岸的花岗岩上，掩埋在巨大的河口沉积层中，数量惊人。我甚至认为，在潘帕斯草原上，随意画条线，就能碰到一些骸骨。除了我在几次短途旅行中发现的化石之外，我还听说，有一些地名，如"动物溪""巨兽山"等，就是因为有许多动物化石才得名的。我还听闻，有些河流非常神奇，能把小骨头变大，也有人说，是骨头自己变大的。据我所知，这些动物并不是死在现在的沼泽和淤泥中，而是原来就埋藏在河床的沉积层里，经过河水的冲刷，才又见天日。由此，我们可以下个结论，整个潘帕斯草原都是这些已经灭绝了的大型四足兽的坟地。

11月28日中午，我抵达蒙得维的亚。这两天半的时间里，我所经之处都是乡野，有几个地方的岩石比拉普拉塔河附近的还要多。距离蒙得维的亚不远，有一个 拉斯彼德拉斯 村，因几块巨大的黑色岩石而得名。该地高出周围30多米，村落景色宜人，几株无花果树环绕着房舍，景致如画卷一般。

> 拉斯彼德拉斯在西班牙语中意为"岩石"。

海上观察

12月6日，"小猎犬"号离开拉普拉塔河，此后再也没有进入这条混浊的大河。我们的目的地是巴塔哥尼亚海岸的盼望港，在抵达之前，我要先说一说此前在海上的一些观察心得。

海中昆虫

当"小猎犬"号停靠在拉普拉塔河河口数千米外的岸边以及巴塔哥尼亚北部的海滨时，我们曾被昆虫包围过好几回。一天夜里，船停靠在圣布拉斯湾16千米处，我看到成群的蝴蝶，数量十分惊人。我拿出望远镜，发现在蝴蝶群里找不出一丝缝隙。船员都大叫"下蝴蝶雨了"，事实也是如此。当时有不止一种蝴蝶，多数蝴蝶与英国常见的一种豆粉蝶相似，但也有不同。混在其中的还有一些飞蛾和膜翅目昆虫，在甲板上还看到一种好看的甲虫。我在远离陆地的大海中曾经捉到过这种甲虫。这个现象有些奇怪，因为甲虫所属的步甲科动物大多不会飞或者从不飞。那天风平浪静，前一天也一样，只是稍微有些风，所以这种甲虫应该不是被风吹过来的，只能推测它们是自己飞来的。这么大规模的豆粉蝶群让人联想起另外一种赤蛱蝶的飞行记录，但现在夹杂了别的昆虫，情况更加复杂、更令人费解。太阳落山前，有一阵大风从北面吹过来，使得许多蝴蝶和昆虫死在海上。

还有一次，船停在科连特斯角27千米处，我用渔网捞浮游动物。把网收上来时，我竟然看到许多甲虫，而且这些甲虫没有被海水淹没。我只选择其中的几个种类做成标本，这些留下来的种类分别属于龙虱属、水龙虱属、小水甲属（两个物种）、萤叶甲属、金龟属等。一开始，我以为这些甲虫是被风吹过来的，但后来我发现，在找到的8个物种里，有4个是水生昆虫，另外两个也兼有水生的特性，于是我觉得它们可能来自一条小河，而这条河很可能流经科连特斯角附近的某个湖。不管怎样，在距离海岸27千米的海上能找到活的昆虫，本身就很有意思。

此外，还有几个记录说明昆虫会被风吹离巴塔哥尼亚海岸。这其中包含库克船长和金船长的经历。之所以会出现这种情况，多半是由于没有树木或岩石的遮挡，昆虫在飞行时遇到强风，就会被吹到海上。据我所知，昆虫被风吹到

达尔文说 船在港口附近徘徊时常有苍蝇会飞到船上，但它们只要离开船，就会立刻失去踪影。

海上，最鲜活的一个例子就是"小猎犬"号在佛得角群岛附近顺风航行时，我无意中捉到一只蝗虫，此时离船最近的陆地是600千米开外的布兰科角。

"小猎犬"号在拉普拉塔河河口时，有好几回帆索上挂满了一层薄薄的蜘蛛网。一天（1832年11月1日），我观察到一件事。天气晴朗的早上，半空中飘着很多绒毛般的蜘蛛网，很像英国秋天里经常见到的情景。此时，船离岸约100千米，有微风吹拂。蜘蛛网上挂着很多游丝蜘蛛，其中一只身长2.5毫米，身体呈暗红色。我觉得整条船上至少有几千只游丝蜘蛛。它们刚爬上帆索时，就附在一根蛛丝上，而不在蛛网上。蛛网是由单根的丝织成的。这些蜘蛛都属于同一个品种，雌雄异体，还有幼蛛。幼蛛个头很小，颜色也更暗淡，能一眼认出来。关于它们的外观，我就不再多说了，我认为它们不属于 拉特雷尔 命名的任何一个属。

皮埃尔·安德烈·拉特雷尔（1762～1833），法国动物学家，也是当时最前沿的昆虫学家。

这些"小航海家"一飘到甲板上，就活跃起来，四处乱爬。它们有时候放下一根丝，又抓住这根丝向上爬；有时候在绳索的偏僻角落编织乱

七八糟的网。它们在水面上行动自如，一旦受到惊吓，就会抬起前面的腿，以示警诫。刚到船上时，它们好像很渴的样子，用突出的双颚拼命汲水喝，斯特拉克也留意到同样的状况。难道这是因为它们在干燥稀薄的空气中待了太长时间造成的？这种蜘蛛的蛛丝长长的，仿佛没有边际。在查看那些悬在一根蛛丝上的几

只蜘蛛时，我发现，只要微弱的风吹过，就能把它们横着吹出去，再也看不见踪迹。

还有一次（11月25日），在同样的情况下，我又多次看到同种小蜘蛛。它们在爬到或者被放到高处时，肚子会鼓起来，吐出一根蛛丝，然后横着飘走，速度奇快，难以置信。我好像看到小蜘蛛在飞走前，用极细的蛛丝缠住自己的腿，但是不敢保证一定如此。

有一天，在圣菲，我有了一次更细致观察的机会。有一只蜘蛛，身长约8毫米，长得很像跑蜘蛛，和游丝蜘蛛完全不同，立在柱子顶上，吐出四五根丝。蛛丝在阳光下熠熠发光，仿佛几束分开的光。然而，蛛丝并不是垂直的，而是起伏不平，在风中摇摆。蛛丝长一米多，从吐丝口上方开始分叉。那只蜘蛛突然离开柱子，很快消失在我的视线中。那天很热，没有一丝风，尽管如此，空气也并非静止不动。天气好的时候，如果注意看斜坡上的影子，或者远眺平原尽头的一处风景，热气流的上升会非常明显。这种气流的上升从观察肥皂泡的上升中也能看出来，肥皂泡在室内就飞不上去。所以，我认为蛛丝上升，带着蜘蛛也上升，这样说就很容易理解了。至于蛛丝为什

么会分叉，穆雷先生曾解释过，这是因为蛛丝有相同的电荷，而同种电荷相互排斥。

安德鲁·迪克森·穆雷（1812～1878），苏格兰植物学家、动物学家及昆虫学家。

很多次，人们在离陆地很远的大海上发现了同种蜘蛛，虽然性别和年龄不同，但都成群地挂在蛛网上。这说明此种蜘蛛可能有在空中飘行的特性。这种特性就像水蛛会潜水一样，是其物种的特色。

甲壳类

好几次经过拉普拉塔河以南时，我都在船尾放一个网，并因此捕捉到好多怪异的动物。在捉到的甲壳类动物中，有很多种类稀奇古怪，找不到其所属。其中有一种很像脊足蟹科（这种蟹的一对后腿几乎生在背上，好抓住岩石的背面），但它的一对后腿更奇怪，末端并不是简单的爪子，而是三根硬硬的毛，参差不齐，最长的一根跟整条腿一样长。爪子的毛很细，侧面长着细小的倒钩锯齿，末端平滑，有五个极小的肉杯，像乌贼触手上的吸盘。这种蟹生活在大海中，也许是想用这些肉杯攀附在休息的地方，但我认为，它们的这种美丽而奇特的构造，正适合抓住海里的浮游动物。

在远离陆地的大海里，生物的数量不多：在南纬35°往南，我没有抓到过任何动物，除了瓜水母和一些小小的切甲类甲壳动物。在离岸近一些的浅水中，有很多甲壳类动物，不过它们只在夜间活动。合恩角向南，南纬56°～57°，我撒过几次网，但只抓到几只特别小的切甲类动物。然而，在这片海域中，经常可以看到鲸鱼、海豹、海燕和信天翁。我一直很好奇，离海岸那么远，信天翁以什么为食。也许，信天翁和秃鹫一样，能够长时间不吃东西，偶尔吃一次腐烂的鲸鱼尸体，就可以维持很久。在大西洋中部的热带地区，有很多翼足目动物、甲壳类动物和辐射类动物，和以它们为生的飞鱼，以及以飞鱼为生的鲣鱼和长鳍金枪鱼。我想，很多浮游动物都以水里的微生物为生，依照埃伦伯格的研究，大海中有很多微生物，然而在澄澈的海水中，这些微生物又以什么为生呢？

磷 光

在一个黑夜里，船航行到拉普拉塔河南岸，忽然海上出现一种奇异而美丽的景象。海风轻轻地吹拂，白天漂着白沫的大海，现在泛着青色的光芒。船头推开两条闪着磷光的波浪，船尾也拖着一条乳白色的尾巴。向海上望去，每个波浪都熠熠生辉。地平线上空在水面光芒的映照下，也不像天空一般漆黑。

我们继续向南航行，海面就很难看到磷光了。离开合恩角后，我还曾看过一次磷光，但非常暗淡。这种现象也许跟海里的生物不多有关。埃伦伯格曾写过一篇论文来讨论海上的磷光，内容非常详尽，此处我不再多做解释。我要说的是，他描述的一种破碎而不规则的胶状物是出现磷光的原因，而且无论在南半球，还是北半球，皆是如此。这些物质微小，能够穿过细纱布，但用肉眼可以观察到。把充满这种物质的海水放在玻璃杯中，微微晃动，水中便会发出磷光，不过如果只倒一点儿水在平面上是看不到磷光的。他还说，这种物质有感应刺激的特性。然而，我的观察结果却相反，有一些观察是取出海水后马上进行的。还有一点，一天晚上，我把用过的渔网晒干，12小时后拿出渔网，我发现上面和刚从水里出来时一样明亮。这种物质不太可能存活那么久。又有一次，我从海里抓住一只水母。等它死亡后，盛放它的水开始发光。当海水发出绿光时，我想那是微小的甲壳类动物弄的。当然，还有许多别的浮游动物在海里能够发出磷光。

还有两次，我曾经观察到深海里的磷光。在拉普拉塔河河口，我看到有圆形和椭圆形的发光海面，直径2米～4米，轮廓鲜明，周围的海水也偶尔发一下光。发光的部分很像月亮在水中的倒影，或者别的发光体的倒影。发光的边缘随着水波起伏，向外扩散。那个时候，我们的船吃水4米，对发光地带毫无影响，所以我想，那些动物肯定聚集在比船底还深的水中。

费尔南多·迪诺罗尼亚群岛一带经常会有磷光出现，其发光的样子很像一条大鱼急速掠过海面。船员们也认为是一条大鱼，但考虑到发光的速度和频率，我并不认同。我曾经说过，这种发光的现象在温暖的海域更加常见。有时候，我想是不是大气状况被打乱时会更容易发出磷光。我猜想，风平浪静的几天后，海水发出的磷光更明亮，因为这种天气会聚集更多的各种动物。据我观察，带有胶状物的海水是混浊的，而能够发出磷光是因为海水受到大气的侵扰，所以磷光是因有机颗粒的分解而产生的，分解的过程也净化了海水，难怪有人称之为"海洋的呼吸"。

巴塔哥尼亚平原上的原驼

12月23日，我们终于抵达了位于巴塔哥尼亚南部的盼望港。我对这里十分好奇，决定上岸走走，对此地进行考察。

巴塔哥尼亚的动植物都很少。干燥的平原上只有一些黑色的甲虫在慢慢地爬行，偶尔有一只蜥蜴疾速跑过。这里有三种以腐烂食物为生的鹭类，在山谷中，还有几种雀类和以昆虫为食的鸟类。有一种朱鹭常见于非洲中部，

达尔文说

在这里，我发现了一种仙人掌，其被亨斯娄教授命名为达氏仙人掌。我将一根棍子放入它的花里，雄蕊产生了奇特的反应；我又试了试手指，同样能引起这种反应。当花受到碰触时，花里的所有部位都会向雌蕊靠拢，但是雄蕊最快。与这种仙人掌同一科的植物通常都生长在热带地区，但北美洲与此地纬度绝对值相同的地区——北纬47°，即高纬度地区也有这种植物生存。

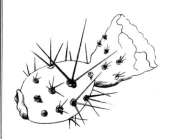

达氏仙人掌

在这种荒芜之地也能看到。在这种鸟的胃里，我发现了蚱蜢、蝉、小蜥蜴和蝎子。在一年中的特定时间，它们会群居，另外的时间则会成对生活。它们的叫声响亮而怪异，听上去像是原驼的嘶鸣声。

原驼，也被称为野生美洲驼，是巴塔哥尼亚平原特有的四足动物，与东方的骆驼是远亲。它们有着长长的脖子，纤细的腿，看上去很优雅。从南美洲的温带地区向南到合恩角附近的岛上，都能看到它们的身影。它们喜爱群居，通

达尔文说 这些昆虫大都生活在岩石下，我曾见过一只蝎子淡定地吃着自己的同类。

常以几头到30多头的规模一起生活，但在圣克鲁斯河边，我们也见过一个由500多头原驼组成的大群体。

原驼个性狂野，警惕性高。斯托克斯先生说，有一天他通过望远镜看到一群原驼，距离太远，肉眼不能辨识，它们好像受到了惊吓，正在拼命逃

跑。猎人经常通过它们特有的嘶鸣声发现它们，那叫声就像一种尖锐的报警声。假如这个时候好好观察，就会看到它们在远处的山坡上排成一行。当猎人慢慢接近时，它们会继续嘶鸣，并沿着狭窄的小道跑到附近的山里。它们奔跑的速度看上去很慢，实际却很快。然而，要是偶然遇到一只或几只原驼，它们通常会按兵不动，只用眼睛盯着来人，之后可能走几步，边走边看。为什么原驼的警惕心会有这么大的差别？难道在远处，它们误把猎人当成了天敌美洲狮？还是好奇心占了上风，压制住警惕性？当然，它们确实好奇心重，假如一个人躺在地上，摆出各种姿势，比如双腿伸到空中，它们准会上前一探究竟。猎人常施此计，总会成功捕获原驼。有时，猎人会故意放上几枪，原驼还以为这是表演的一部分。在火地岛的山上，我曾经多次见到一只原驼，当人靠近它时，它不仅发出嘶鸣，还跳来跳去，非常滑稽。

驯服原驼非常简单。在巴塔哥尼亚北部，我见过几只养在房舍附近的原驼，没有任何围栏。驯过的原驼异常凶猛，会屈起膝盖从背后攻击人类。听人说，这种攻击是因母原驼产生的忌妒。但是，野生的原驼却不会防御，一只狗就能对付一只原驼，等着猎人的到来。它们的很多习性都很像绵羊。原驼看到几个人从不同方向逼近自己，就会阵脚大乱，不知道该往哪里逃跑。印第安人就利用这种习性来捕猎原驼，把它们赶到一个地方，包抄围捕。

原驼喜欢游水。在瓦尔德斯港口，我见过原驼在小岛之间游水。拜伦 曾

约翰·拜伦（1723～1786），英国海军将军，曾指过"海豚"号完成环球考察，是著名诗人拜伦的祖父。

经说过，他见过原驼喝咸水。"小猎犬"号上的几位军官也见过同样的情形，那是在布兰科角一带，一群原驼正在喝盐湖里的水。我猜想，在那里，如果它们不喝咸水的话，根本喝不到水。中午，它们会找个浅滩，在沙土中翻滚。雄原驼争强好胜，有一天，我看见两只雄原驼边走边斗，企图斗倒对方。有些原驼被宰杀后，在它们的皮上还能看到深深的伤痕。有的时候，它们也会结伴出去探路。在布兰卡港，离海岸48千米内，鲜少看到它们。一日，我发现有三四十只原驼的痕迹，沿着直线，走向一条混浊的咸水河。它们也许发现越来越接近海岸，于是就像骑兵一样整齐地调了头，沿着原路返回。它们有一种怪习惯，即一连数日在同一个地方排便，我实在无法理解这一点。我见过一个粪堆，直径达2.4米，分量也很足。道尔比尼先生认为，这样的习性是原驼属动物的共性。秘鲁的印第安人会用它们的粪便做燃料，原驼的这一习性能为他们省去不少力气。

原驼会在临死前为自己寻找理想的葬身之地。在圣克鲁斯河岸的某些地方，靠近水边的灌木长势旺盛，地面上满是白骨。在一个角落，我数了数，有十多个头骨。我仔细地检查了这些骨头，之前看过的散落在四处的骨头，上面都有撕咬或折断的痕迹，像是被猛兽拖过来的，而这里发现的骨头很像临死前躺在灌木丛里的。拜诺先生说，他在之前的一次航行中，曾在加耶戈斯河沿岸看过这种情况。我完全不清楚原驼的这种习性，但是据我的观察，在圣克鲁斯河地区，原驼一旦受伤，就会走向河边。在佛得角群岛的圣地亚哥，山谷中的一个犄角旮旯里，我看到满地的山羊骨头，吓了一跳，以为是岛上山羊的坟地。我之所以提到这些细节，是因为在某些情况下，它们也能解释为什么洞穴里或沉积层中有完整的骨头，同样也能解释为什么沉积层中一些动物的化石比另一些动物更常见。

印第安人的墓地

有一天，在查菲尔斯先生的带领下，我们乘坐一艘小船，带着三天的粮食，去考察港口的上游。早上，我们按照一张旧西班牙地图，找到一条小溪，上游是一股细流，但却是咸水，这样的情况我们还是第一次遇到。由于退潮的缘故，我们不得不在这里逗留了几小时。在这段时间里，我上岸走了几千米。这里也跟其他地方一样，土里有砾石，看上去很像白垩，但成分却不一样。这里的泥土很松软，在溪流的冲刷下，形成很多沟壑。这里没有树木生长，只看到一只原驼在山顶上为驼群放哨，看不到任何鸟兽。荒芜之地，一片寂静。虽然四周毫无景色可言，但我的心情却出奇愉悦。也许有人会问，这个平原经过了多少岁月才能变成今天的模样，今后还要经历多少风风雨雨？有一首诗是这么说的：

没人能回答——
一切好像是永恒的。
荒原用它神秘的语言，
让人生出敬畏的疑惑。

达尔文说　该诗摘自英国诗人雪莱的《咏勃朗峰》。

傍晚时分，我们又航行数千米，之后扎营过夜。第二天中午，小船再次搁浅，因为水太浅，我们不能继续航行。查菲尔斯先生发现，这里的水不怎么咸。之后，我自己乘着小划艇，又向上游走了三五千米。小划艇后来也搁浅了，不过这里的水是淡水。河水混浊，河面也不宽，但河水的来源却也容易推测，多半是安第斯山脉的积雪。我们扎营的地方周围都是悬崖峭壁和陡峭的山峰。开阔的平原上竟然有这样的岩石裂缝。这个世界很难找到比此地更与世隔绝的地方了。

　　返回小船停靠地的第二天，我和几个军官前去看一处印第安人的墓地。我在附近的一个山顶上发现了这处墓地。一个突出的岩石，高约2米，上面放着两块巨石，每块至少重两吨。墓地开凿在坚硬的岩石上，底部铺了约30厘米厚的泥土，这些泥土肯定是从下面的平原运上来的。泥土之上是一层石板，上面又放了很多石头，以填充突出的岩石与两块巨石之间的缝隙。为了造好墓地，印第安人还从突出的岩石上剥离出一块，放在巨石上面。我们从两侧向下挖去，没有发现任何陪葬品，连遗骨也没找到。也许，由于历史久远，骨头早已腐化。在另一个地方，我发现了几座小一点儿的墓地，从中挖出一些碎骨，勉强认出是人类的骨头。福尔克纳说，印第安人在旅途中死亡，会就地埋葬，但之后会被挖出，无论路途多么遥远，都要把遗骨带回去，葬在海边。我猜想，这也许是因为在马被引进南美洲之前，印第安人都生活在火地岛附近，住在靠近海边的地方。印第安人的祖先原来生活在海边，所以死后也葬在那里。后人墨守这样的习俗，把死去的同伴不容易腐烂的遗骨带回海边，埋在祖先的坟墓旁边。

巴塔哥尼亚的地质结构

1834年1月9日傍晚时分，"小猎犬"号停靠在圣尤里安港口，距离盼望港以南180千米处。我们的船停留了8天，这里景色与盼望港相似，不过较之更贫瘠。

巴塔哥尼亚的地质结构非常有意思，其和欧洲十分不同。欧洲的第三纪地层好像只在海湾处累积，而这里绵延数百千米的海岸线，是由一个巨大的沉积层组成的，有许多第三纪贝类化石，而这些贝类如今已灭绝。其中最常见的一种是大型牡蛎，直径能达30厘米。这些地层上面覆盖着一层松软的白色岩石层，含有许多石膏，看上去很像白垩，但却有着浮石的特性。这种岩石层的十分之一是由微生物构成的，埃伦伯格从中已经辨认出30种海生生物。这个地层分布在800千米的海岸线上，也许范围更广泛。在圣尤里安港口，该地层厚达240米。这些白色岩石层被砾岩覆盖，形成世界上最大的砾岩层。它从科罗拉多河向南延伸六七百海里，沿圣克鲁斯河直达安第斯山脉。在圣克鲁斯河的中段，砾岩层厚约60米。这一岩层无论是哪个走向，最终都会延伸到安第斯山脉，里面含有的斑岩就是在那里被风化成小圆石的。试想一下，砾岩层平均宽320千米，深15米。这么巨大的地层，即便不算风化产生的泥土，也能堆出不少高山。这些多如沙的岩石是古老年代海岸边的石块缓慢坠落，被河水长时间冲刷，才逐渐变成细碎而圆滑的小石块的。这些小石块被送到远方，又历经了很多岁月的打磨，才形成这般宏伟、令人震惊的砾岩层。不过，在小石块堆积之前，这里已经有了一层白色的沉积层，而在沉积层之前，含有第三纪贝类的那个地层也早已形成。

南美大陆一切事物的形成，似乎都经过大规模的变迁：从拉普拉塔河到

火地岛，绵延2000千米的大地，都在缓慢上升，巴塔哥尼亚高地也上升了90米～120米，并且在现存的海生贝类生活的时期就已经上升了不少。上升后的平原将古老的贝类动物化石所在的地层暴露在地表。经过风吹雨打，这些贝类化石慢慢褪色，仅有一小部分还保持着原始的色彩。地表上升的过程中，至少经历了八个间歇期，并且每个间歇期的时间都不短。在间歇期，海水侵蚀大陆，形成错落有致的悬崖绝壁，远望过去，像是平原上的一级级台阶。然而，这种上升运动以及海水的侵蚀作用，似乎对漫长的海岸线毫无影响，因为我惊讶地发现，台阶状的平原与距离较远的地方高度相当。最低的平原只有27米高，而我在海边爬上的平原有300米高，上面都被砾石覆盖。圣克鲁斯河上游的平原，缓慢上升了900多米，绵延到安第斯山脚下。我之前说过，在现存的海生贝类生活的时期，巴塔哥尼亚高地上升了90米～120米，现在还要补充一句，在冰山把砾石冲刷到圣克鲁斯河谷时，它至少上升了450米。巴塔哥尼亚高地形成的原因也不只是地表上升，根据 福布斯教授 的理论，从圣尤里安港和圣克鲁斯发现的已经灭绝的

爱德华·福布斯（1815～1854），英国博物学家、地质学家，晚年曾任英国地质学会主席。

第三纪贝类，只能生活在15米～75米的深水中。然而，这些化石之上却覆盖着250米～300米厚的沉积层。这就意味着，这些贝类以前生活的海床肯定下沉了数百米，才能为上面的沉积层腾出空间。巴塔哥尼亚如此简单的地质构造，竟隐藏着这么复杂的地质变迁过程。

长颈驼

在圣尤里安港高达27米的平原上，砾石层上面覆盖着一层红土。在泥土中，我发现了巴塔哥尼亚长颈驼的半具骨架，它与骆驼大小一般，和犀牛、貘和貘马一样，都属于厚皮动物，然而看骨架结构又和骆驼，更准确地说是原驼、羊驼有亲缘关系。平原的两层沉积岩有一些海生贝类，这说明这两层的形成时间一定比埋藏长颈驼的地层还早。也就是说，这种四足兽存在的年代，远远晚于贝类动物生活的年代。这个位于南纬49°15′的贫瘠砾岩平原几乎没什么植被，那么这种大型的四足兽是如何生存的，让我大为疑惑。然而，我又想到，它和原驼的关系以及如今原驼就生活在荒芜贫瘠的地方，疑问就自然解开了。

长颈驼和原驼之间的亲缘关系并不是很近，就像箭齿兽和水豚一样。相

比之下，许多已经灭绝的贫齿目动物和现存的典型的南美洲动物——树懒、食蚁兽和犰狳，关系就密切得多。栉鼠属和水豚属动物的化石与现存物种关系更为亲密。这样的事实非常有趣。最近，伦德先生和克劳松先生在巴西的洞穴里发现了许多化石，并把它们带回欧洲。这些化石展示了这种关系，就像澳大利亚有袋目动物，其化石中的物种和已灭绝的物种之间的关系。那些化石包括洞穴所在地区生活着的32个属的陆生四足兽，其中包含28个属内已灭绝的物种，而且灭绝的物种比现存的多。这些化石种包括食蚁兽、犰狳、貘、西貒、原驼、负鼠和很多南美啮齿目和灵长目的动物，以及其他动物。在同一个大陆上，灭绝物种与现存物种之间的绝妙关系，我认为必将有助于今后揭开物种出现和消失的谜团。

南美大变迁

南美大陆巨大的变迁怎能不让人惊讶？在过去，整片大陆到处都是各种各样的四足兽。现存物种与它们的祖先和远古的亲戚相比，不过是侏儒。要是 布封 知道这些巨型树懒和犰狳类动物，知道那些已经灭绝的厚皮动物，也许他就不会认

乔治·布封（1707~1788），法国博物学家，著有《自然史》等。

为美洲的生命力大不如前，也不会认为美洲从未有过旺盛的生命力。那些已经灭绝的四足兽，多半都生活在距今较近的年代，与现存海生贝类生活在同一个时期。既然海生贝类一直生存着，从那个时期到如今，地表就不可能发生翻天覆地的变化。那为什么这么多物种甚至整个属的物种都灭绝了呢？我认为首先该考虑的是，这里曾经发生过巨大的灾难。然而，在巴塔哥尼亚南部、巴西、秘鲁的安第斯山、北美洲、白令海峡都有物种灭绝，所以必须是撼动整个地球的灾难，才能让它们同时灭绝。可我在观察拉普拉塔和巴塔哥尼亚地区的地质状况的时候，发现陆地的所有变化都是缓慢而长久的过程。在欧洲、亚洲、大洋洲和南北美洲找到的化石都表明大型四足兽生存的条件与现今世界相同，不过还没有人能够推断这些条件具体是什么。但我认为，不可能是温度的变化，因为一旦温度变了，地球上的热带、温带和极地地区生存的物种就会随之消亡。莱伊尔先生认为，在北美洲，大型四足兽生存的年代，要比冰山把岩石运到低纬度的时期要晚。如今，冰山已经不可能到达这些地方了。基于一些间接但也毫无疑问的证据，我认为，在南半球，长颈驼等动物生存的年代要晚于冰山运输岩石的时期。会不会就像有人认为的那样，是人类进入南美洲之后，毁灭了笨拙的大懒兽和其他贫齿目动物？布兰卡港地区小型栉鼠和巴西的许多化石中的鼠类动物以及其他小型四足兽，它们的灭绝又是什么原因导致的呢？没人会把巴塔哥尼亚南部到白令海峡所有动物的灭绝都归结于一场干旱，即便这场旱灾比拉普拉塔那场大旱灾更为严重。而且，我们又该如何解释马的灭绝呢？难道是当时平原上寸草不生，等西班牙人把马带到南美大陆时，平原重新长满了草，养活了数量众多的马？难道后来引进的马与之前灭绝的马吃同样的草？我们怎么相信，水豚抢了箭齿兽的食物，原驼抢了长颈驼的食物，现存的小型贫齿目动物抢了它们大型祖先的食物？坦白地说，在这个世界漫长的变化中，没有什么能比物种大规模灭绝事件一再发生更让人震惊的了。

假如我们换个角度考虑上述问题，就没那么复杂了。我们总忘记，自己对每种动物生存的条件是多么无知；也总忘记，有些机制可以防止任何物种在自然中繁殖过快。食物的供应量应该是常量，但物种的繁殖却呈几何级数增长，并且增长速度出乎人类意料。如果我们看一看，从欧洲引进的美洲动物一旦放到野外，繁殖速度惊人，我们就能找到上述问题的答案。在大自然中，动物的繁殖都是有规律可循的。一个长期存在的物种，受某种自然机制的抑制，数量不可能突然剧增。然而，我们也不能判断，某个特定物种在某个特定时期，这个机制就一定会起作用。其也许是隔一段时间才会发挥一次作用。我们也不知道，究竟是什么机制在调控着物种的增长。所以，我们对一些事情习以为常，比如习性相近的两个物种，在同一地区，一种少见而另一种很常见；再比如，在一个地区一个物种很常见，而在另一个条件类似的地区，则是另外一种很常见。这是为什么呢？我们也许会说，这是由于细微的条件差别，像是气候、食物、天敌的多寡造成的，但我们不知道更具体的原因和自然机制。所以，对于各种说法，我只得出一个结论：某个特定物种数量的多或少是什么原因造成的，我们尚不清楚。

有些时候，我们追溯一个物种灭绝的过程，无论是全部灭绝，还是仅在某个地区灭绝，都会发现它们的数量是逐渐减少直到完全消失的。但我们很难判断，是人类的活动，还是因为天敌数量增加导致它们的灭绝。有一些出色的观察者认为，从稀少到灭绝的规律在第三纪地层中表现得最为明显。人们经常发现，有一种第三纪常见的贝类现在非常罕见，甚至被认为已经灭绝了。如果某个物种先是数量减少而后再灭绝，那么这就像我们所知的，物种数量先剧增，然后无论外部条件多么好，其增长也会受到抑制，虽然我们还不知道抑制作用的方式和时间。要是我们看到，在同一地区，某个物种很多，而有亲缘关系的另一个物种很少甚至灭绝，我们会因此感到惊讶吗？有某种作用在大自然中调控着一切，但不为我们所知，或者说我们也不会留意。我们知道，过去巨爪地懒比大地懒数量少，化石里的猴子比现存的猴子少得多，可又有谁感到惊讶呢？然而，正是从这些相对的稀少中，我们看到了最直接的证据，即生存条件不适合它们。如果我们承认物种先数量减少再灭绝，而且对一个物种比另一个物种少习以为常，却还想找出某种物种灭绝的具体原因，在我看来，这就跟"承认人死亡前会生病，所以对人生病见怪不怪，但在人死的时候却难以接受，并认为这个人肯定是遭遇意外而死"的想法一样。

Chapter 7

圣克鲁斯、巴塔哥尼亚
和福克兰群岛

1834年4月13日，在圣克鲁斯河河口，"小猎犬"号抛下船锚。圣克鲁斯河位于圣尤里安港南部约100千米处。之前，斯托克斯船长曾向上游航行了48千米，但因缺少补给，最后被迫撤了回来。除了斯托克斯发现的情况，我们对这条河一无所知。此次，费茨·罗伊船长下定决心，无论如何都要逆流而上。18日，三艘船出发，带着三个星期的补给，一共25人。这天天气晴朗，海浪起伏，船队航行顺利，很快我们就喝上了淡水，晚上便到了没有海潮的地方。

安第斯兀鹫

4月27日，河床变得狭窄，水流更加湍急，流速达到6节，再加上此地有许多有棱角的石块，拉纤的工作变得越来越艰苦和危险。

这天，我射杀了一只 安第斯兀鹫 。

它张开两翼，足有2.5米那么长，从喙尖到尾巴长约1.2米。这种鸟的分布范围极广，从南美洲的西海岸到麦哲伦海峡，沿着安第斯山脉直到北纬8°，都能看到它们。在巴塔哥尼亚地区，内格罗河口是它们生存的最北界限，安第斯山脉是它们的根据地，再往南，在盼望港的崖壁间也能看到它们的身影。

只有零星几只安第斯兀鹫会跑到海岸上。它们经常出没于圣克鲁斯河河口的崖壁上。逆流向上130千米处，在由玄武岩构成的断崖上，它们的踪迹也会不时出现。从这些事实看来，安第斯兀鹫似乎喜爱栖息在崖壁上。然而在智利，一年中的多数时间它们都出没于太平洋海岸低矮的乡野。夜晚来临，几只鹫栖息在同一棵树上。初夏的时候，它们会躲在安第斯山里，悄悄地哺育后代。

　　说到安第斯兀鹫的繁殖，智利人告诉我，它们从不筑巢，会于每年的11~12月在裸露的岩石上产下两个白色的大鸟蛋。听说，幼小的安第斯兀鹫在孵化后的一年内都不会飞行，学会飞行后，白天要和成年鹫一起捕食，夜晚一起栖息。成年鹫一般结对而居，圣克鲁斯河内陆的玄武岩崖壁上就有许多成年安第斯兀鹫一起生活。当人类爬到崖壁上面时，它们会展翅高飞，在空中盘旋，而此处是二三十只鹫的栖居处。崖壁上厚重的鸟粪说明它们在此生活了很久。它们到崖壁下的平原饱食腐肉后，会回到这里慢慢消化食物。由此可以看出，安第斯兀鹫像黑头美洲鹫一样，是合群的鸟类。在这片地区，它们的主要食物是原驼。这里的原驼多半都是自然死亡，也有一些是被美洲狮捕杀而死。以我在巴塔哥尼亚见到的情况而言，我认为安第斯兀鹫日常活动的地方，离自己的栖息地不会太远。

经常可以看到安第斯兀鹫盘旋在高空，围绕某一个地点优雅地飞行。也许有时候，它们飞行只是为了消遣，不过智利人却说，它们是在寻找濒死的动物或者监视正在吞食猎物的美洲狮。要是有数只安第斯兀鹫俯冲下来，然后突然又飞上去，智利人就知道，那是美洲狮在驱赶垂涎它猎物的盗贼。除了啄食腐肉，安第斯兀鹫也会攻击幼年的山羊和绵羊。受过训练的牧羊犬在它们经过时，会朝天空狂吠。智利人每年宰杀和抓住许多安第斯兀鹫。具体来说，他们一般采用两种方法：一种是在地上放一块腐肉，用树枝插在腐肉周围，形成一圈，只留一个出入口，等安第斯兀鹫饱食后，猎人骑马赶过去，堵住出入口，这样它们就无处可逃了，因为它们起飞需要一定的空间；另一种就是记下五六只安第斯兀鹫栖息的树，等到了夜晚，爬上树套住它们。这些鹫晚上睡得很沉，很容易就能捉到它们。在瓦尔帕莱索，我见过一只活的安第斯兀鹫只卖6便士，通常的价格是8~10先令。我还见过一只被绳索套住的安第斯兀鹫，其伤势严重，不过一松开绳索，它马上就啄食给它的腐肉，对四周人们的围观毫不在意。在同一地方的一个花园里，有人养了二三十只安第斯兀鹫，虽然每个星期只喂一次，但它们看上去非常健康。智利的乡

达尔文说 在安第斯兀鹫死前的几小时内，我发现虱子总会造访这种动物，所以我肯定这是一种常态。

下人认为，安第斯兀鹫即便五六星期不吃东西，也依然神采奕奕。我不知道这种看法是真是假，也许有人试过，但这种尝试过于残忍。

大家都知道，要是某一处死了一只动物，安第斯兀鹫就会像其他食腐鹫一样很快得到消息，一起飞过来，令人惊奇。而且，多数情况下，它们会在肉变腐烂之前就把骨头连肉吃得干干净净。记得 奥杜邦先生 曾经做过一个实验，检测食腐的鹰隼类动物的嗅觉。于是，我也动手，在一处平地做了这个实验：把几只安第斯兀鹫用绳索捆住，靠墙排成一排，用白纸包住一块肉，在离

> 约翰·詹姆斯·奥杜邦（1785～1851），美国鸟类学家、博物学家、画家，曾对美国鸟类进行过详细的观察和论述，并精心绘制了大量插图。著有《美国鸟类》等。

它们3米的地方走来走去，但完全没有引起它们的注意。我把肉扔到离它们1米多远的地上，一只鹫仔细地看了一会儿，然后就不理它了。我用一根棍子把肉推到它们面前，直到它们的喙能够碰到。一只鹫立刻撕开白纸，同一时刻，其他鹫也激动万分，开始拍打翅膀。要是换了狗，肯定早扑上去了。关于鹰隼类动物的嗅觉，有利的证据和不利的证据一样多。欧文教授已经证明，红头美洲鹫的嗅觉非常发达。他的论文在动物学会宣读的那个晚上，在场的一个人就提到曾经在西印度群岛两次看到过鹰隼类动物聚集在屋顶，原来是那家有人死了，但是尸体还没有被埋葬，已经发出了臭味。在这种情形下，它们不可能通过视觉获得这一消息。此外，除了奥杜邦先生做的实验和我做的实验，巴赫曼先生 也在

> 约翰·巴赫曼（1790～1874），美国博物学家，曾和奥杜邦一起合著关于北美四足兽的作品。

美国做了各种实验，证明红头美洲鹫（欧文教授解剖的就是这种鹫）和黑头美洲鹫都不能通过嗅觉发现食物。他用帆布盖住一些腐烂发臭的动物内脏，然后又在上面放了几块肉。这些鹫吃完肉块，就安静地站着，它们的喙都伸到了腐肉里，也没发现腐肉。把腐肉换成新鲜的肉，上面还是放了帆布和肉块，鹫还是只吃表面的肉块，没有发现藏在布底下的肉。上述实验，除了巴赫曼先生在场，还有6位先生签名做证。

躺在空旷的平原上休息时，经常可以看见食腐鹫在高空飞翔。然而在乡下，我不相信步行或者骑马的人会留意比地面高15米及以上的区域。假如抬头仰望天空，兀鹫在900米～1200米的高空盘旋，然后从3千米开外进入人的视野。它们难道会忽视地面的情况吗？在荒凉的山谷，猎人杀死一只野兽，难道视力极佳的鸟类从高处看不见吗？它那俯冲的姿势，难道不是在向附近所有的食腐动物宣布猎物就在嘴边吗？

有的时候，成群结队的安第斯兀鹫会绕着一个地方不停地盘旋，飞行姿势极其优美。除了起飞，它们飞的时候很少拍打翅膀。在利马附近，我看见好几只安第斯兀鹫，并一直盯了它们半小时。安第斯兀鹫转弯幅度很大，飞行轨迹呈圆形，上下飞行也不见拍动翅膀。当它们飞过我的头顶时，我斜着身体，看到它们翅膀的末端有分开的大羽毛。这些分开的羽毛，要是有一点儿震动，看上去就像粘在了一起，但它们在蓝天下显得根根分明。安第斯兀鹫的头部和颈部经常活动，显然用了力气；展开的翅膀犹如颈部、身体和尾巴的支撑点。如果它们飞行时突然下降，翅膀就会收拢，调整过后，再度展开。俯冲时获得的动力似乎能让它们平稳地上升，就像风筝一样。鸟类要想展翅高飞，速度一定要快，这样身体的倾斜面对空气产生的作用力才能与自身的重力相抵消。然而，要在空中保持平衡，由于摩擦力很小，所以需要的动力也不大。我们不得不猜想，安第斯兀鹫仅靠着头部和颈部的活动，就足以产生这样的动力。无论如何，这样的大鸟轻而易举就能连着翱翔数小时，这真是件奇妙的事！

东福克兰群岛

5月8日，我们回到"小猎犬"号上，重新开始我们的旅行。5月16日，"小猎犬"号来到东福克兰群岛的伯克利海峡，于是我决定上岛考察一番。当天早上，我带着6匹马和两个高乔人一起出发。高乔人是出行的最佳伴

侣，熟悉旅途中的各种状况。那天下着暴风雨，夹杂着冰雹，非常寒冷。我们一路都很顺利，但是除了地质考察有点儿意思外，白天的骑行非常无聊。路上都是起伏不平的荒地，上面长着枯黄的野草和一些矮小的灌木丛。河谷里能看到一小群大雁，土壤疏松，适合沙锥觅食。这里多见这两种鸟，少见其他鸟。有一条高约600米的主山脉，由石英岩构成，山顶怪石林立，贫瘠荒凉，翻越起来非常艰难。到了南麓，有一处好草场，适合野牛生存，但却没有见到成群的野牛，听说是因为最近饱受猎人侵扰，它们无法在此生存。

牛与马

傍晚，我们遇上一小群野牛。同伴中一个叫圣地亚哥的人不一会儿就把一头壮硕的母牛从群里分隔开，然后抛出套索，击中牛腿，但没有缠住。只见他摘下帽子，放在套索落地处，以示标记，然后策马奔腾，取回套索。经过一番追击后，他再一次靠近母牛，扔出套索，套住它的双角。由于另一个高乔人已经带着备用马匹跑到了前面，他只好独自一人花了很大的力气，才把母牛杀死。他想趁着母牛一次次扑过来的时候，把它引到平地上。它不动弹时，我骑的这匹受过训练的马就跑上前去，用身体的前半部分狠狠推它。但是，就算在平地上，杀死一头受惊的牛也不那么容易。马背上没人的时候，马是不会为了自保而拉紧套索的，所以牛要往前跑，马也跟着它跑，牛要不动，马也不动。但我骑的是一匹幼年马，不会老实地待着，牛一挣扎，它也会动上一动。只见圣地亚哥躲在牛的背后，用刀割断牛的后腿主肌腱，然后转到牛的前面，刺中它大脑的脊髓，它便像过电一样，倒地而亡。圣地亚哥切下几块没有骨头、连着皮的肉，足够我们三人一路上

吃了。我们骑行到宿营地，当天晚上，我们的晚饭是连着皮的烤牛肉。这可比一般烤牛肉美味多了，就像鹿肉比羊肉好吃一样。我们将从牛背上取下的一块圆圆的肉，皮毛向下，放在余烬里烘烤。这样烤肉，皮能把肉汁兜住。倘若伦敦的名流跟我们同进晚餐，这种连皮烤的牛肉一定会风靡整个伦敦。

夜晚下了一场雨，第二天（17日）风雨大作，夹杂着冰雹和雪花。我们横穿小岛，来到一个地岬，这是林孔德尔托罗主半岛在西南端与其他岛屿相连的地带。路上看到的牛群多为公牛，因为母牛都被猎杀了。公牛独自或者三五结伴活动，性情狂野。我之前没见过这么健硕的动物，头部和颈部巨

巴塞洛缪·萨利文
（1810～1890），英国海军
军官，曾参与"小猎犬"号
的第二次航行。

大，像古希腊的大理石牛头雕像一样。

萨利文上校 说，这种牛的牛皮重约20千克。在蒙得维的亚，一张还没完全干的牛皮要是也有这么重，就很稀罕了。小公牛见到人，多数都跑到不远处，但是成年的公牛则站住不动，寻找机会向人或者马扑过来，有很多马就是这样被撞死的。一头老牛穿过溪流，来到我们面前。我们想赶走它，它也不走，最后只好绕道而行。两个高乔人气得要阉了它，以绝后患。借此机会，我看到了高乔人高超的驯牛技术。当公牛向马匹冲过来时，高乔人抛起一根套索，套住牛角，然后又抛起一根套索，套住牛的后腿。很快，这头老牛就倒在地上，无力挣扎。要是套索套住了牛角，又不想杀死牛，此时取下套索就非常麻烦，一个人更是难以做到。要是有人帮忙，用套索拉住牛的后腿，那就好弄多了，因为牛的后腿被绑住后就完全不能动弹了。此时，第一个人就可以松开牛角的套索，骑马离开；第二个人向后退，松开手，套索就会从牛腿上滑下来，牛就能站起来，抖抖身体，冲向骑手，但这时骑手早已跑远。

在路上，我们看到一大群野马。马和牛一样，都是1764年法国人带到南美洲的，此后数量成倍增长。奇怪的是，野马从不离开小岛的东部，而且没有天然屏障阻断它们的漫游，东部水草也不如其他地区丰美。我曾经问过高乔人，他们只知道事实就是如此，但却不知道原因，只是认为马喜欢待在熟悉的地方，不喜欢四处游逛。然而，这座岛上的其他地方条件更好，也没有食肉动物的打扰，我很纳闷到底是什么抑制它们数量增长的速度呢？在一座小岛上，生长速度早晚要受到抑制，这是无法避免的，然而为什么马的增长比牛的增长更早受到抑制呢？沙利文上校为了帮我解开这一疑惑，费了一番力气。我雇的高乔人认为这是由于公马到处游荡，并且强迫母马陪着，不管小马是否跟随。一个高乔人跟沙利文上校说，他观察过一匹公马，其整整一小时对母马又踢又咬，强迫它离开小马。沙利文上校认为这种说法虽然怪异，但有一定的道理，因为他见过好几匹死掉的小马，却没有看见一头死掉的小牛。而且，他经常看到成年的野马死亡，它们似乎比牛更容易生病或遭遇不测。这里的土壤松软，所以马腿经常发育不良，或者长得过长，容易瘸腿。这些马一般都是铁灰色或者杂色。此地的马无论是家养的，还是野生的，个头都不大，但很健硕。它们力气不大，不适合骑着它们抛套索、拉牛，所以当地人还得花高价从拉普拉塔买马。在我看来，南半球早晚会培育出福克兰矮种马，就像北半球有设得兰群岛产的矮种马一样。

虽然马到了此地就退化了，可牛却体形变大，并且数量比马多。沙利文上校说，这里的牛，外形和角的形状不如英国的牛变化多。需要注意的是，在这座小岛上，不同地区的牛颜色各异。在尤斯伯恩山一带，海拔300米~450米处，半数的牛是鼠灰色或铁青色，这种颜色在岛上其他地方非常少见。普莱森特港一带的牛则是深棕色。到了舒瓦瑟尔海峡（几乎把小岛一分为二）南部，牛的头部和四肢发黑，身体发白，还有一些身体发黑、有斑点的牛。沙利文上校说，它们的颜色区别十分明显，要是在普莱森特港附近看到牛群，远看上去就像黑点，而舒瓦瑟尔海峡南部的牛群，远看是一片白点，这样就不会混淆。奇怪的是，鼠灰色的牛虽然生活在高原，却比生活在地势低、其他颜色的牛早一个月生小牛。依照我的看法，野牛驯服后，会逐渐变成三种颜色，再经过几个世纪的自然生长，其中的一种颜色有可能会取代其他两种颜色。如果这种看法无误，将多么有趣！

兔 子

兔子也是引进的物种，在此地繁殖极快，分布在岛上大部分区域中。不过跟马一样，兔子的生活区域也比较固定，它们的活动范围没有越过主山脉。高乔人跟我说，当年法国人并没有在山脚下放养兔子，所以山脚下也没有兔子。这些原产于非洲北部的动物，竟然能在这种潮湿的地方存活，真是神奇。这些地方光照很少，小麦只能偶尔成熟。瑞典人认为，自己国家的气候适合兔子生长，但是户外却不见兔子的踪迹。并且，此地有兔子的天敌——狐狸和大型鹰隼，最初的几对兔子必须战胜天敌，才能生存下去。

法国有些博物学家认为，这些黑兔子是独立的物种，遂命名为"麦哲伦兔"。麦哲伦曾经提起过麦哲伦海峡的一种动物，名字叫"conejos"，被这些法国博物学家误认为是麦哲伦兔。但是，麦哲伦说的是一种小型豚鼠，而且现在的西班牙人仍用"conejos"来称呼豚鼠。高乔人则认为，把黑兔子和灰兔子归于两个物种非常可笑。根据他们的说法，黑兔子生存的范围并不比灰兔子广，而且两种兔子从来不分开，经常杂交，生出不同斑纹的后代。我有一个杂交兔子的标本，头部的纹样和法国学者描述得不一样。

这个例子提醒博物学家，划分物种时应该更加谨慎。因为就算是居维叶这样的名家，看到这些兔子的头骨，也可能认为是不同的物种。

狐 狸

这座岛上唯一的本土四足兽是一种大型狐狸，长得与狼很像，在福克兰的东西部都能见到。毫无疑问，这是一个新的物种，只有这座岛上才有，因为很多来这座岛上捕海豹的人、高乔人和印第安人都确信，除了这里，在南美洲的其他地方没有见过这种动物。按照莫利纳的说法，它们跟他描述过的卡佩尔狐习性相同，但是我见过这两种动物，知道它们并不是一个物种。拜伦说，这种狐不惧人，好奇心重，看到人就想上前看一看，但船员以为它们要攻击人，于是跳下水逃命。到现在，这种狐的习性还未变。有人看见它们进入一顶帐篷内，拉出熟睡的海员枕头下藏的肉。高乔人经常在夜晚猎杀它们，一手拿着肉作诱饵，一手拿着刀。据我所

达尔文说 我推测福克兰应该还有一种鼠类。普通欧洲家鼠和小鼠应该不止在居住区生活，而是扩散到整个区域。小岛上还有由普通家猪变成的野猪。这些野猪浑身墨黑，公猪非常凶猛，而且已长出很大的犬齿。

达尔文说 卡佩尔狐就是金船长从麦哲伦海峡带回英国的那种狐狸，所以也叫麦哲伦狐。这种狐在智利有很多。

知，世界上还没有任何地方能像这一块远离大陆的狭小地带一样，拥有体型巨大、土生土长的四足兽。它们数量逐渐减少，在圣萨尔瓦多湾和伯克利湾之间的地峡东部，半个岛屿上的这种动物已经消失殆尽。等到这些岛屿上住满人，这种狐狸就会和渡渡鸟一样，被归入灭绝物种。

高乔人的驯牛术

这天晚上（17日），我们在舒瓦瑟尔海峡顶端的一个地峡扎营，这个地峡把西南部隔成半岛。山谷把寒风挡在外面，但是很难找到生火的灌木。然而，高乔人很快就找到一些生火用的东西——刚死不久的牛骨，上面的残肉

已被食腐鹫啄食干净了。生起营火后，他们跟我说，冬天他们会杀一头牛，用小刀把肉剔干净，然后用骨头生火来烤肉吃。

就这样过了两天，我发现最近几天每次起床后，身体都会非常僵硬，据说这是久不骑马造成的。高乔人从小就在马背上过活，听说他们也这样，几天不骑马，再骑的时候身体就会酸疼。圣地亚哥跟我说，有一回他生病，卧床3个月，病好后骑马去抓牛，结果回来后双腿疼得无法活动，又卧床两天才恢复。这也说明，高乔人骑马看起来不费劲，但实际上用了力。在土壤松软的地方抓牛，怎能不费力气呢？他们说，有些地方要策马奔腾，才能冲过去，速度慢一点儿，就过不去了，就像滑过薄冰一样。捕猎牛的时候，每个人都要偷偷接近牛群，而且每个人都要携带四五根套索，把套索一根根抛出去，尽量多抓一些牛。一旦牛被套住，就不用管它了，它会挣扎一段时间。几天后，它们又累又饿，再放开它们，把它们赶到已经驯好的牛群里。带着已经驯好的牛群，就是出于这个目的。野牛受过教训，一旦被放到群里，再不敢轻易离开，要是它们还有力气，就能被赶回村子。

山体运动

在一座山的顶峰，海拔约210米处，我找到一个巨大的拱形碎块，凸面向下，很有意思。难道我们要相信它是被抛在空中翻转过来的？或者，原来这里曾有更高峰，后来经过某种巨大的震动，掉落了一块巨石？这一碎块既没有被磨圆，裂缝里也没有塞满沙砾，我们断定震动的时间发生在陆地从海里升上来之后。从山谷的横截面来看，它的底部是平摊的，两边稍微抬高，碎块看上去像是从顶部掉下来的，也有可能是从两侧的山坡滚下来的。然后，在某种强烈的震动之后，碎块被摊成平整的一层。1835年，智利的康赛普西翁发生地震，好多小物体被抛到空中，让人惊讶。可见，一次大的震动就能把重达数吨的石头震碎铺平，就像沙子在振动板上运动一样。

在安第斯山，我见过一种明显的痕迹，巨大的山体像薄薄的硬壳一样被切碎，水平层被掀翻，竖立在地上，但并没有形成"石川"。说到"石川"，总让我想起某种震动，但我从历史记载中并未找到与之相关的记录。然而，随着学术的发展，总有一天会对这个现象做出简单的解释，就像之前散落在欧洲的奇异巨石，很长时间以来都无法得到解释，现在已经有了简单的答案。

达尔文说 佩尔内蒂曾描述这些碎石说："数不清的石块堆在一起，就像是被人类刻意码放在这里的一样。我们对这种现象感到十分惊讶。大自然的鬼斧神工是如此精妙。"

达尔文说 有个门多萨人对地震有着精准的判断力。他曾肯定地对我说，自己从没有感受过哪怕最轻微的地震。他已经在此地居住好几年了。

鸟 类

关于岛上的动物，我能讲的并不多。这里也有前面已经讲过的食腐鸟类——长腿兀鹰，以及其他鹰、鸮和陆栖鸟类。岛上的水鸟特别多，从以前的航海家的描述来看，之前它们的数量肯定更多。有一日，我看到一只鸬鹚在耍弄自己抓住的鱼。鸬鹚连着八次把鱼放进水里，然后潜入水中，再把它捉住。在伦敦动物园，我见过水獭用同样的方式戏弄一条鱼，好像猫捉老鼠一般。看到此情此景，我不得不感慨大自然的残忍。

还有一日，我站在一只企鹅和海水之间，观察企鹅的习性，十分有趣。企鹅是一种勇敢的动物，在走入海中之前，拼命逼退我，使我让路。除非使劲打它一下，才能阻挡住它的脚步。企鹅每前进一步，都仔细守住刚争得的这一小步领地，昂首挺胸，坚定地站在我面前。在和我的抗争中，它们一直左右摆头，样子很奇怪，仿佛只有眼睛的前部和底部才能看清东西。这种鸟也被称为"公驴企鹅"，因为它们在岸上时，喜欢把头仰起来，发出怪叫，听上去像驴叫，由此而得名。它们在海里没有受到干扰时，叫声低沉，夜晚经常能听到。它们的翅膀很小，潜水时可以当鳍来划水，在陆地上则当前肢用，辅助爬行。穿过草丛或者长草的悬崖时，企鹅爬行速度很快，很容易被误认为是四足动物。在海里捕鱼时，企鹅会跃出水面，换气后再继续潜水。我敢说，所有人猛一看，都会把它们当成在水中嬉戏的鱼。

在福克兰群岛上，经常能看见两种大雁。一种是高地雁，通常结对或者三五成群地生活，出没于岛上的每一个地方。它们并不迁徙，就在临近的小岛上筑巢。它们害怕狐狸，白天不惧人，但到了夜晚，警戒心会很强。高地雁以植物为食。另一种是岩雁，因其生活在海边岩石上而得名。在岛上、南美洲西岸乃至北边的智利都能见到它们的身影。在火地岛的偏僻海峡中，雪白的雄雁旁边总会有颜色灰暗的配偶，它们彼此依偎，停在远处的岩石上，成为当地的一道风景。

群岛上还有数量众多的大头鸭（福克兰船鸭），重达10千克，看上去很笨拙。它们在水面上拍水滑行，以前也被称为"赛马"，但现在有了更贴切的名字"船鸭"。它们的翅膀很小，力量也不足，无法飞行，但可以借力在水面上快速划水。它们走路的样子有点儿像鸭子被狗追赶时跑的样子，但是它们的两个翅膀可以交替扇动，而不像其他鸟类同时扇动。这种笨拙的大头鸭，喜欢制造噪声和扑腾水，看上去非常可笑。

这样来说，在南美洲，我们已经发现了三种鸟的翅膀不是用来飞行的——企鹅的翅膀当鳍，船鸭的翅膀当桨，鸵鸟的翅膀当帆。然而，新西兰的几维鸟及已经灭绝的鸟类原型——恐鸟，只有未发育完全的翅膀。船鸭可以短距离地潜水，以海草中和潮汐岩石上的贝类为食。为了能戳破贝壳，它的喙和头都非常结实，头骨很硬，无法用地质锤敲碎。猎人很快就会发现这种鸟的生命有多坚强。夜晚，船鸭聚集成群，梳理羽毛，它们发出声音奇怪的聒噪，就像热带的牛蛙一样。

植虫类

我在火地岛和福克兰群岛经常观察低等海生物种，但读者可能对此兴趣不大，所以我只说一下植虫类。它们分为好几个属，如藻苔虫属、苔藓虫属、分胞苔虫属、栉苔虫属等，其共同特性就是一个单一的运动器官与所有个体相

达尔文说　我还曾对一种巨大的白色海兔（它们的身长约为9厘米）的卵进行过统计。它们卵的数量如此之多，令我感到惊诧。这种动物体内有许多圆形的小囊泡，其中含有2~5个卵，每个卵的直径约为0.008厘米。这些囊泡成双排列，形成一条较粗的带子。这条带子盘旋成卵圆形，一边还黏在礁石上。我发现一条长约51厘米，宽约1厘米的带子。我数了其中一段0.3厘米的带子中含有的囊泡数量，又计算了一下这条带子能分成多少个这样的段子，最后估算出这其中含有60万个卵，而且这一数值还是最低值。不过，这种动物并不常见，我总共只在岩石下发现过7个。由此可见，博物学家普遍认为物种繁殖能力强个体数量就多的观念是错的。

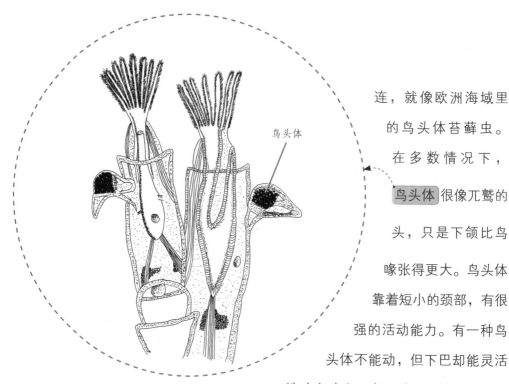

鸟头体

连，就像欧洲海域里的鸟头体苔藓虫。在多数情况下，鸟头体很像兀鹫的头，只是下颌比鸟喙张得更大。鸟头体靠着短小的颈部，有很强的活动能力。有一种鸟头体不能动，但下巴却能灵活地动来动去；有一种下巴被三角形的罩子取代；还有一种具备活动门板，与其下颌很配合。多数物种的个体上只有一个头，也有的有两个头。

苔藓虫的末端有些新生长的水螅体，附在上面的鸟头一样的器官，虽然很小，但功能十分齐全。用针挑出水螅体对这些器官也没有影响。要是把鸟头一样的器官切掉，其下颌仍可以开合。它们构造最奇怪的地方是一段分枝上有两排以上的细胞，中间的细胞有附属器官，大小只有旁边的四分之一。这些物种的鸟头体活动能力各异：有的从未动过；有的下颌张得很大，可前后摇摆，且每五秒摇摆一次；也有的能快速而突然地运动。用针碰一下，其口部会使劲咬住针尖，并连带着整个植虫体颤抖起来。

这些附属器官与产卵或出芽没有任何关系，因为它们在分枝的末端长出新细胞之前，就已经存在了。它们的活动不依赖水螅体，而且水螅体似乎没有什么特殊的作用。因为它们在中间和两边的细胞上的大小不同，所以我认为，它们与珊瑚枝的角状中轴很像，与水螅体没有关系。实际上，海鳃底端的肉质附属器官也是植虫的一部分，从整体来看，这部分更像大树的根，并不是树叶或叶芽。

还有一种好看的小植虫（也许是栉苔虫属），每个细胞都有一根长齿状的刚毛，能快速运动。每条刚毛和鸟头体一样，通常都是独立活动。不过，有时候这些刚毛会排列在同侧，同步移动；有时候会一个一个地移动，非常有规律。通过这样的活动，我们能看出植虫类的物种虽然由数以万计的水螅体构成，却能清楚地传达意志，和单一动物一样。海鳃也是如此，受到触动时，会自动缩进沙子里。

说起动作整齐的行为，我再举一个例子，虽然性质不太一样。这是一种与美螅属相似的植虫，结构十分简单。我在盆里用海水养着一大簇这种植虫，到了晚上，我发现自己摸过任何一段分枝的一部分，整个分枝都会发出明亮的绿色磷光。我从来没见过如此美丽的发光体。值得注意的是，磷光是从末端开始，逐渐向上蔓延的。

观察这些群居动物的过程，总是很有意思。世界上没有比这更让人惊叹的了：一种像植物的生物居然能产卵，还能四处游动，挑选适宜的地方，附着在上面，然后长出分枝，每条分枝上都长满了各种东西，构造无比复杂。我们刚才看见，有的分枝还有能动而独立于水螅体的器官。大量的独立个体汇集到一起，共用一个茎，这一事实让人感到非常惊奇；每一棵"树"都展示了一个事实，即这些叶芽也是独立的个体。然而，一个水螅体有口、肠和其他器官，所以可以被视为单一个体，而单个的叶芽就很难这么认为了。植虫的不同个体通过共同的器官相连接，这比一棵树更值得人注意。我们应该怎么理解群居动物每一个个体的独立性？可以这样假设一下：用一把刀把一件东西切成两半，或者大自然把东西自行分开，这样就得到了两个个体。我们认为，植虫的水螅体和茎干上的叶芽，都是个体分化没有成功的例子。实际上，以植虫为例，通过叶芽繁殖出的个体关系，要比通过卵或种子繁殖出的个体关系更加亲近。这样一来，就能确定通过叶芽繁殖的个体，寿命应该相同。众人皆知，通过芽、压条和嫁接来繁殖个体，能够把一种或多种特性传递下去，而用种子繁殖的个体，则偶尔传递或者不再传递这些特性。

Chapter 8

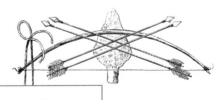

火地岛

1832年12月17日，"小猎犬"号第一次抵达火地岛。在完成对巴塔哥尼亚和福克兰群岛的考察后，我再来说一说火地岛的情况。中午过后，船绕过圣地亚哥角，进入赫赫有名的勒梅尔海峡。船逐渐向火地岛靠近，远处，斯塔滕岛的轮廓在云雾缭绕下若隐若现。下午，船停靠在成功湾。刚一入港，我们就受到当地人的热烈欢迎。一些当地人在丛林里随着船一起奔跑，等到了一处悬崖边上，就坐下来。船开过时，他们站起来，边喊边挥舞着褴褛的衣裳。这群人一直追着我们的船，直到船进入港口。夜幕降临时，我们看到他们的篝火，也听到了他们粗犷的叫喊声。

港口内水静无波，三面都是泥板岩构成的小山，低矮，圆顶，上面覆盖着茂密的森林，延伸到海边。一眼望去，这里的景致与其他地方完全不同。夜晚，从山上吹过来一阵狂风，顷刻之间横扫我们的船。此时要是在海上可就糟了，还好我们是在港口，所以对前人把此地叫作"成功湾"深以为然。

火地人

第二天清晨，船长派人与火地岛当地人联系。我们一上岸就听见欢呼声，只见四个本地人站在岸上，其中有一个人迎上前来，冲我们大叫，表示愿意告诉我们登陆的地方。等全体人员上岸后，对方好像非常吃惊，继续叫嚷着什么，边说边打手势，这真是怪异而有趣的画面。如果不是亲眼所见，我怎么也不会相信，野蛮人和文明人的差异竟会如此之大，比野兽与家畜之间的差别还要大，因为人比野兽的进化能力更强。带头的那个当地人是个老头，看上去像是族长，另外三个都是健壮的年轻人。很明显，他们跟我们之前见到的那些矮小的人不是一个人种，他们很像麦哲伦海峡的巴塔哥尼亚人。这些人身上仅披着原驼皮做的披风，皮毛向外。披肩往身上随意一披，整个身体半遮半露。他们的皮肤是古铜色的，有些暗黄。

带头的老人头上插着一根白色羽毛，一头粗而黑的乱发被扎了起来。他的脸上涂着两道宽宽的横纹，其中一道是鲜红色的，从上嘴唇经过，连接左右耳，另外一道是白色的，在红道上面，与之平行，连眼睑都涂成白色。其他两个人脸上涂了黑色的横纹，是用木炭涂的。三个人看起来很像舞台剧中的魔鬼。

这几个当地人态度卑怯，面部充满疑虑和惊恐。我们送给他们一些红布，他们接过来，缠在脖子上，于是变得很友好。老人走过来，拍拍我们几个人的胸膛，发出咯咯的声响，就像喂鸡时的声音。我跟他一起走了几步，表示友好。他又反复拍了拍我们，发出同样的声音。最后，他同时拍了拍我前胸和后背三下，然后露出胸部，让我也这么做，我照做了，他非常高兴。在我们看来，这些人发出的声音，都不能算是清晰连贯的语言。库克船长说，那是清嗓子时发出的声音，不过我可不觉得哪个欧洲人会在清嗓子时发出这么嘶哑、咯咯的响动。

这些火地人十分善于模仿，只要我们咳嗽、打哈欠或者有其他异常的动作，他们马上就模仿。我们中的某个人偶尔斜看一眼，一个年轻的火地人（他满脸都涂成黑色，眼睛处有一道白色横纹）立即跟着做起了吓人的表情。我们跟他们所说的话，他们能一字不差地复述出来，并且能记住这些词。我们都知道要弄懂外语的发音有多不容易，我们之中有谁能记住美洲印第安人说的三个词？所有未开化的人似乎都有这种非凡的模仿天赋。有个人曾对我说，南非的卡菲尔人也有这种模仿习惯。澳大利亚的土著人早就因模仿而举世闻名——他们能够模仿别人的走路姿势。这种天赋该如何解释呢？

是不是因为这些未开化的人比文明人有更敏锐的观察力和感知力，并且经常锻炼这种能力？

我想，要是我们唱起歌来，火地人准会吓坏。他们看到我们跳舞就吓了一跳。有一个年轻的火地人，我们邀请他一起跳舞，他并没有拒绝，和我们跳了一曲华尔兹。他们不怎么与欧洲人接触，却知道害怕我们的武器，怎么哄骗都不肯拿枪。他们想要我们给些刀子，嘴里说着西班牙语的"cuchilla"（刀），同时用动作来表达，比画着嘴里有一块鲸脂，用手撕不开，得用刀来切。

借着这个机会，我来说说我们船上的火地人。之前，"冒险"号和"小猎犬"号于1826年到1830年的环球旅行中，费茨·罗伊船长抓住几个土著人做人质。当地的土著人把我们的一条

> "冒险"号：英国海军考察船，于1826年到1830年在金船长的带领下到巴塔哥尼亚考察，当时"小猎犬"号也随行。

船偷走了，这给考察工作带来了极大的不便。他把抓到的那些土著人和一个用一颗珍珠纽扣买来的土著孩子带回英国，自费让他们接受教育，并接受宗教的教化。他接受本次航行的原因之一，便是想把这些土著人送回自己的家乡。在英国海军没有决定开展这次探险之前，他已经慷慨地租了一条船，打算亲自送他们回去，还请了一位马修牧师随行。关于马修牧师和这些土著人的情况，罗伊船长还做了一个详细而杰出的报告。他带到英国的土著人中，有两个成年男人，其中一个得了天花，死在英国，另外还有一个男孩和一个女孩。现在在船上的就是这三个人：约克·明斯特，杰米·巴顿（意为"纽扣"）和菲吉亚·巴斯克特。约克·明斯特是个成年男人，矮小而结实，性

格腼腆，沉默寡言，看上去有些阴郁，但是激动的时候会狂躁不安，对船上的几位好友却有情有义。他的智商很高。杰米·巴顿很讨人喜欢，不过很容易感情用事，经常大笑，脾气温和。他天生乐观，对别人的痛苦充满同情。每次我因海浪大晕船时，他总会来到我身边，难过地说："真可怜啊，可怜啊！"然而他习惯了海上的生活，对别人的晕船觉得好笑，所以总是转过头去偷笑，然后又转回身来，继续说着"可怜，可怜"。他非常爱自己生活的地方，爱赞扬自己的部落和岛屿，说那里"漫山遍野都是树林"。他还痛骂别的部落，坚定地宣称自己的部落里没有魔鬼。杰米也不太高，胖嘟嘟的，很注意自己的外形：喜欢戴手套，头发梳得非常整齐，皮鞋擦得锃亮，沾上一点儿灰尘，便不高兴。他很喜欢照镜子，欣赏自己。船上的一个印第安小孩是我们从内格罗河地区带来的，发现了杰米的这个秘密，经常嘲笑他。看到船上有人关注这个印第安小孩，杰米就非常忌妒，经常转过头去轻蔑地说："真是胡闹！"我每每想到他的好多优点，再一想他和我们初来这里见到的野蛮人是一样的，并且有着相同的性格，我就很惊奇。最后一个是菲吉亚·巴斯克特，她是个温柔、谦虚、内向的姑娘，总是乐呵呵的，偶尔也会忧伤难过。她学东西很快，尤其是语言方面。在里约热内卢和蒙得维的亚，她上岸的几天里，很快就学会了一些葡萄牙语和西班牙语，英语尤其流利。约克·明斯特不喜欢别人关注菲吉亚，因为他已经下定决心，上了岸就要娶菲吉亚为妻。

虽然这三个人能说英语，也能听懂英语，但从他们那里打听火地人的习惯非常困难。这是因为他们对那些习惯习以为常，觉得没什么可说的。我们都知道，问小孩一些简单的问题，小孩反而不会回答，比如问某个东西是黑还是白，小孩就很难回答。要想回答这个问题，他们脑子里得有黑和白的概念。这些火地人也一样，他们说的东西，我们不一定能弄明白，反复问几次，又会有新的疑点。他们的视力很好。众所周知，船上的海员经过长期训练，看远方的物体比陆地上的人更清晰。但约克和杰米两个人比海员还厉害，好多次他们看到了远处的东西，而海员们没有看到。大家拿出望远镜确认，发现他们二人说得没错。他们也认识到自己的这种能力，杰米与值班的军官争吵时总会说："等我再看见轮船时，不跟你说。"

我们上岸后，开始观察火地人对杰米·巴顿的态度，很有意思。火地人马上就察觉出，有几个人和我们不一样，开始交头接耳起来。那个老人对杰米说了很长一段话，好像是邀请他与他们同住，但杰米听不懂他们的话，看上去还挺难为情的。约克·明斯特也上了岸，火地人用同样的方式盯着他，并告诉他该刮胡子了，不过他脸上只有十几根短短的胡子，而我们都留着满脸的络腮胡。他们观察他的肤色，并与我们对比。我们中的一个人露出了手臂，他们非常吃惊，赞赏地盯着洁白的手臂看，就像动物园里的猩猩看到白人一样。有两个军官，个子不高，长得很秀气，虽然也留着大胡子，却被火地人认为是女人。火地人里有一个高个子，喜欢人家注意他的身高。当他与我们船上最高的人背对着背站在一起比身高时，他踮起脚来，为了显得自己更高。他还张开嘴，露出牙齿给我们看。他很骄傲地做着这些动作，我敢打赌他认为自己是这里最英俊的男人。我们刚到此地时还大惊小怪，但看到这些野蛮人模仿我们，做着滑稽的动作，就觉得好笑极了。

岛上森林

第二天，我想找条路深入陆地。火地岛属于山地，部分已经沉在海里，原来应该是山谷的地方，现在变成了沟壑和海湾。除了西海岸比较荒凉贫瘠之外，其他地方都覆盖着茂密的森林，直到海边。森林生长在海拔300米～450米的地方，然后就是一条泥炭质山坡，上面生长着低矮的高山植物，再向上就是积雪，终年不化。金船长说，在麦哲伦海峡，雪线最低在海拔900米～1200米。这里很难找到一块4000平方米大的平地。我记得只在 饥饿港 和胡雷罗德附近有大一点儿的平地，但这两块平地和其他地方一样，都覆盖着一层厚

> 饥饿港：即现在的安弗雷港，在麦哲伦海峡的西岸。1587年英国航海家卡文迪什到达此地后，举目皆是饿死的尸体，所以命名为饥饿港。

厚的沼泥煤。这里即便是森林，地面上也覆盖了大量的腐殖质，水分很多，人一踩进去，就会陷在里面。

由于森林过密，很难进去，我就沿着山里的小溪往上走。总有瀑布和枯木挡道，我手足并用，艰难前进。没一会儿，小溪渐宽，这是洪水冲刷导致的。我继续沿着崎岖的山路慢慢走了一小时，虽然辛苦，但景色壮观。幽深的峡谷，处处充满暴风雨袭击后的痕迹。树木被连根拔起，乱七八糟地倒在地上，直立的树木也从树心开始腐烂，很快就会倒下。树木枝条交错缠绕，与枯木也连到一起，这让我想起了热带雨林。当然这两者还是有区别的，火地岛到处都是死亡的气息，而不是勃勃的生机。我跟着水流走，来到一个曾经发生滑坡的地方，这里有个山坡。我爬到很高的地方，可以一览四周的丛

林。这里多见绿山毛榉，偶尔也有其他种类的榉树，但稀少得可以忽略不计。山毛榉的叶子终年不落，在这个季节里，树叶发褐色，略带一点儿黄。周围都是这种色调，不免感觉阴沉凄凉，即便阳光照下来，也没什么活力。

棚屋港

12月21日，"小猎犬"号起程，向着合恩角驶去。圣诞节的前一天，合恩角风雨大作，为避免翻船，我们决定在棚屋港躲避。这个小港并不十分舒适，但却给了我们安身之所。

12月25日，我决定到海港附近的一座尖尖的小山上考察。山的名字叫卡特尔峰，高约510米。其周围的岛屿都由巨大的圆锥形绿岩构成，和一些不规整的泥板岩小山相连。火地岛的这个地方可以看作部分沉入海水、顶峰露在外面的山。这个港湾之所以叫"棚屋港"，是因为火地人居住的棚屋而得

名，其实这附近的海港都可以叫这个名字。本地人以贝壳为食，所以经常换地方居住，有时候也会回到原住地，从成堆的旧贝壳就能看出这一点。旧贝壳约有数吨重，从老远的地方就能看见，因为上面长着很多绿油油的植物，如野芹菜和辣根菜。这两种植物非常有用，可惜当地人不知道它们的用处。

火地人的棚屋大小相似，形状相像，看上去很像圆锥形的干草垛。这种棚屋就是把几根折断的树枝插在地上，再随便用一些茅草和灯芯草堆起来，不到一小时就能搭起一个棚屋，用上几天就放弃了。在胡雷罗德停船场，我在一个地方看到一个光着睡觉的人，没有任何遮盖，跟野兔一样。很明显，这是个单身汉。约克·明斯特说，那是个"坏家伙"，也许他偷过别人的东西。在西海岸，棚屋就好多了，上面还盖着海豹皮。

天气太糟，我们在棚屋港停留了好几天。虽然过了夏至，但是气候依旧不佳，山上每天都下雪，山谷里则是雨雪交加。白天温度在7℃左右，到了晚上就下降很多，只有三四度。这里空气潮湿，常有暴风，日照很少，实际情况比所测数据更加糟糕。

火地人的野蛮习俗

有一天，我们在伍拉斯顿群岛时，曾划着一条船到岸边，其间遇上一条独木舟，上面坐着六个火地人。我们并肩划了一段时间，他们是我见过最悲惨可怜的人。东海岸的土著人披着原驼皮做的披风，西海岸的土著人有海豹皮遮体，而这座岛中部的土著人就只穿着一张水獭皮，或者用一块手帕大小的破布，勉强遮住下体。他们的衣服用一根绳子在胸前系上，风一吹，水獭皮或者破布就偏到边上。然而，这条独木舟上的人是赤身裸体的，就连成年

女人也不例外。雨下得很大，雨水和浪花打在他们身上，再从身上流下来。另一日，在临近的港口，一个女人给刚出生不久的婴儿喂奶。她就靠在我们船边，由于好奇，我们就待在那里没动。那天雨雪交加，雨滴落在她胸前，雪化在她身上。这些可怜的人发育迟缓，丑陋的脸上涂着白色颜料，浑身油腻肮脏，头发蓬乱，声音喑哑，动作野蛮。看着这些人，都不敢相信他们也是人类，也生活在这个地球上。人们经常揣测低等动物是否存在乐趣，同样，这些野蛮人又有何乐趣可言？晚上，五六个人赤身裸体，在如此糟糕的天气里，没有任何遮蔽，直接睡在潮湿的地上，像野兽一样蜷成一团。不管什么季节，不管白天黑夜，退潮后，他们就得起床，到岩石上捡贝壳。女人要么潜水采海胆，要么坐在独木舟上，用一根没有钩子的线钓小鱼。要是捕到一只海豹，或者发现一只腐烂的鲸鱼，就能享受一顿大餐。平时，他们经常以没有滋味的野果或蘑菇果腹。

这些人常常吃不饱。有一个捕猎海豹的好手洛先生，对这个地方的土著很熟悉，他曾说过西海岸一群土著人的情况。那里大概有150人，他们骨瘦如柴，生活贫寒。遇上接连的大风，女人就不能去岩石上收集贝壳，男人不能坐独木舟捕猎海豹，情况便会更糟。有一天早上，几个男人出海觅食，说是去四天。等他们回来时，洛先生去迎接他们，发现他们已经筋疲力尽，但每个人都带回一块已经发臭的鲸脂。他们在鲸脂中间打了个洞，把头钻进去，就像南美的高乔人把头钻过披风一样。鲸脂被带到棚屋后，一个老人就切下几块，口中不停地念叨，再用火烤一烤，然后分给饥饿的族人。这个过程中，所有人都沉默不言。洛先生认为，要是一头鲸鱼被冲到岸边，这些人就会把肉割下，埋进沙子里，等到闹饥荒时再食用。一个在船上干活的土著男孩就找到过这些储粮。部落之间的战争还会导致人吃人的事。洛先生雇的那个男孩曾这么说，杰米·巴顿也这么说，而且两人是分别说的，这么看来，他们的话可信度很高。他们俩都说，冬天时，这些土著如果实在太饿了，就会先杀了老年的女人来吃，然后再杀狗。当洛先生问为什么这样做时，男孩说："狗会抓水獭，而老妇人不会。"男孩说，他们用烟熏死那些老妇人，他还开玩笑地模仿起那些人临死前的惨叫，还说身体哪些部分最好吃。被亲戚朋友吃掉一定很恐怖，但是当饿到极点时，这些人心里的恐惧更无法想象。男孩还说，那时候，这些老女人会跑到山里去，然后被男人们追回来。男人们将她们杀死后，就在自己家的炉子上烤她们的肉。

费茨·罗伊船长一直都没弄明白火地人相不相信"来生"。他们有时候会把死去的人埋在洞穴里，有时又会埋在山林里。至于他们会举行什么样的仪式，我们就不清楚了。杰米·巴顿不愿意吃陆生的鸟类，他说那些鸟都吃

死人。他们也不愿意提起死去的朋友。我们不相信他们会有某种宗教仪式，
虽然那个老人在分配鲸脂时口里念着什么，也许带有宗教色彩。每个部落或
者部族都有一个巫师或者巫医，我们不清楚他们的职责所在。杰米不相信魔
鬼，不过他相信梦的力量。我觉得，船上的几个火地人还没有一些船员迷
信，一个老舵手坚信我们在合恩角遇到的大风天是船上带了火地人导致的。
有一件事很能表现他们的宗教情绪，是我听约克·明斯特说的。有一天，拜
诺先生捉到几只小鸭子做标本，约克庄严而肃穆地说："哦，拜诺先生，雨
雪风都会来的。"显然，约克认为浪费粮食会有报应的。他还激动地说，有
一天他的兄弟打了几只鸟扔在岸边，等回头捡的时候，见有些羽毛被风吹起
来。他兄弟说（约克模仿他兄弟的样子）："这是怎么回事？"于是爬了上
去，看悬崖下面，有个"野蛮人"在抓他的鸟。他又往前爬了爬，扔下一块
大石头，把那个"野蛮人"砸晕了。约克认为，后来很长时间的暴风肆虐、
风雪交加都和这件事有关。根据我们的理解，他把大自然当成了惩罚的实施
者。在一个稍微开化的部落里，大自然会被顺理成章地拟人化。故事中的

"野蛮人"令我感到好奇。按照约克的说法，我们找到了那个像兔子窝一样的地方，那个单身汉前一晚还在这里睡过觉。我以为他是被赶出来的小偷，但也可能是因为别的，例如这个人的精神有问题。

不同的部落之间，没有政府或者酋长来协调。每一个部落周围都有敌对的部落，说的语言不同，只凭着一片无人居住或者中立的地方分隔开。部落之间的战争总是为了争夺生活资源。火地人的部落周围乱石丛生、高山险峻、森林贫瘠，还伴着浓雾和无休止的暴风雨。只有海滩上的岩石上适宜居住，为了觅食，他们不停地迁移。由于海岸峭壁林立，他们只能用独木舟迁移。他们没有家的概念，也没有家的感情。丈夫把妻子当干活的奴隶，粗暴地对待她。拜伦曾在西海岸见过一个不幸的母亲，她正抱着流血过多、奄奄一息的婴儿。这个婴儿是被她丈夫摔到岩石上的，只因她打翻了一篮海胆。还有比这更残暴的行为吗？智慧在这里毫无用处，更别提什么想象力、推理能力和判断力了！从岩石上收集贝壳不需要智慧，这是最低等的活动。他们的技巧，从某些方面来说，很像动物的本能，并没有通过经验的积累而得以改善。火地人虽然擅长制作独木舟，但从古至今，他们的制作技术却没什么改善，因为我们从250年前的德雷克那里就知道他们的这一技术了。250年过去，技术还是一模一样！

看着这些野蛮人，我们难免会思考：他们从哪里来？究竟为什么或者说出了什么事，让他们从条件好的北方，穿越美洲屋脊安第斯山，发明并造出独木舟（智利、秘鲁、巴西的部落就不用独木舟），来到这一片最不适宜居住的土地上？虽然这些问题可能永远也得不到解答，但我们确信，这些问题中也一定存在着错误。因为没有证据表明火地人的数量减少了，所以我们就假设，他们的内心有一个支撑物，无论是什么，都能让他们生活下去。大自然能把习惯变成万能，并且让它一代代传承下去。而火地人已经适应了此地的气候，也适应了这里贫瘠的物产。

艰难的海上航行

在棚屋港停留6天之后，我们于12月30日起航。费茨·罗伊船长希望向西航行，这样可以把约克和菲吉亚送回家。出发之后，大风连续吹着，洋流方向也与我们前进的方向相反，于是船偏离到南纬57°23′。

1833年1月11日，"小猎犬"号终于鼓起帆，到达陡峭险峻的约克·明斯特山数千米处（库克船长以火地人的名字为这座山取名）。这时候，忽然一阵狂风袭来，我们只能收帆减速，躲避一下。海浪拍在岸边的石头上，惊

起了巨大的浪花，盖住了60米高的悬崖。1月12日，风势更大，我们在海中转圈，不知身处何处，最怕听到别人不断地说"注意下风"。

1月13日，暴风大作，海浪四起，我们只能在狭小的范围内活动。大海看上去无比凶恶，好像在一片平原上，突然来了一阵暴风雪。船在暴风中挣扎前进，信天翁伸展开翅膀，在天空遨游。中午的时候，一个大浪猛烈地袭击着船身，将一条捕鲸船内灌满了水，我们只能割断绳索放弃它了。可怜的"小猎犬"号摇摆不定，有几分钟用舵都控制不了它，幸好之后就恢复正常了，重新迎击暴风。如果再有一个大浪，我们肯定都完蛋了。

我们一直向西走，但在航行24天后，船上所有人的衣服都被磨破了，而且接连好多天都穿着潮湿的衣服。船长不再坚持向西走，晚上我们行至假合恩角背后，在水深86米的地方放下锚，锚链带着卷扬机转动，火花

四射。在经过长时间极恶天气的侵袭后，有一个平静的夜晚是多么舒服的事啊！

送火地人回家

1833年1月15日，"小猎犬"号在胡雷罗德靠岸。费茨·罗伊船长决定按照这几个火地人的意愿，把他们放在庞森比海峡。四条满载装备的小船会带他们穿过比格尔海峡，抵达目的地。费茨·罗伊船长上一次航行时，发现了这个海峡，它与一连串的湖泊和河湾相连，可以和苏格兰的尼斯湖大峡谷相媲美。这条海峡长约192千米，平均宽3千米。整个海峡宽度并无大幅变化，大部分都如笔直的线一穿而过，两岸连着山脉，慢慢消失在地平线上。比格尔海峡横穿火地岛南部，在中间位置，靠南与庞森比海峡呈直角相连。庞森比海峡是一个不规则的水道，杰米·巴顿的部落就在这附近。

1月19日，三艘捕鲸船和一条快艇载着我们28人，在费茨·罗伊船长的带领下出发了。下午，我们进入海峡东口，没多久就看到一个小港湾，被小岛隐藏其中，看上去安静舒适。我们在这里上岸，搭帐篷宿营，生起了篝火。这种感觉十分惬意，湾内风平浪静，岸边柳树成荫，小船停在一旁，用船桨支起帐篷，河谷深处炊烟袅袅升起，一幅安宁的世外风景。

1月20日，我们的船在风平浪静中前进，来到一个当地人较多的地方。这些人没怎么见过白人，看到四条船吓了一跳。他们将每个地方都点上了烽火（火地岛由此得名——烽火之地），一来吸引我们的注意，二来把我们来的消息传播出去。有一些人在岸上追着我们，跑了好几千米。我永远都记得这些人是多么野蛮：有四五个人在悬崖边突然冒出来，他们赤身裸体，长发垂下，在地面上跳来跳去，手拿着粗木棍在头上挥舞，发出恐怖的叫喊声。

中午，我们在本地人的围观下登上岸。一开始，他们不太友好，手里拿着投石器准备迎战。但很快就高兴起来，因为我们送了一些小礼品给他们，先是给了一些红布，围在他们头上，再拿出饼干让他们吃。他们很喜欢吃饼干。当我拿腌肉罐头出来吃时，一个本地人用手蘸了蘸，觉得又软又冷，做出厌恶的表情，就像我不喜欢他们吃的鲸脂一样。杰米甚至为自己的同胞感到羞愧，直说他的部落不会这样。不过，在这一点上，他的看法可不对。讨这些土著人喜欢很容易，但要让他们满足可就难了。他们所有人都一直在说"呀么斯库纳"，意思是"给我"，然后指着每一件东西，甚至还有衣服上的纽扣。他们用各种语气说着自己喜欢的东西，再加上一句"呀么斯库纳，呀么斯库纳"。在索要一阵子之后，他们学会了耍心眼，指着年轻女子或孩子，好像在说："不给我的话，那总要给她们吧！"

夜晚，我们想找一处无人居住的地方安顿下来，可惜没能找到，最后只

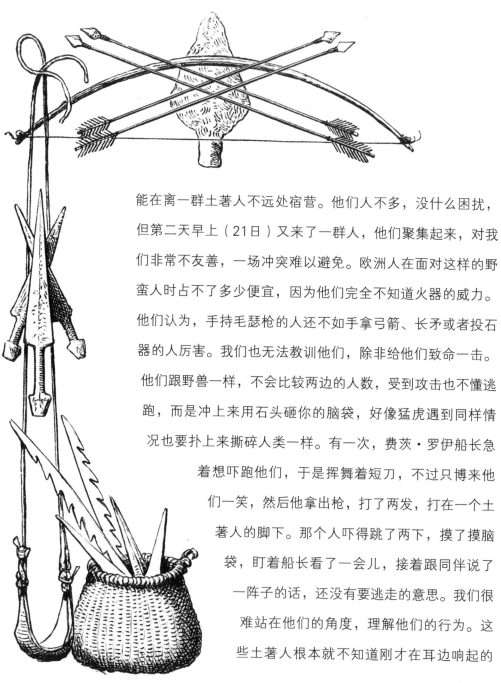

火地人的武器

能在离一群土著人不远处宿营。他们人不多，没什么困扰，但第二天早上（21日）又来了一群人，他们聚集起来，对我们非常不友善，一场冲突难以避免。欧洲人在面对这样的野蛮人时占不了多少便宜，因为他们完全不知道火器的威力。他们认为，手持毛瑟枪的人还不如手拿弓箭、长矛或者投石器的人厉害。我们也无法教训他们，除非给他们致命一击。他们跟野兽一样，不会比较两边的人数，受到攻击也不懂逃跑，而是冲上来用石头砸你的脑袋，好像猛虎遇到同样情况也要扑上来撕碎人类一样。有一次，费茨·罗伊船长急着想吓跑他们，于是挥舞着短刀，不过只博来他们一笑，然后他拿出枪，打了两发，打在一个土著人的脚下。那个人吓得跳了两下，摸了摸脑袋，盯着船长看了一会儿，接着跟同伴说了一阵子的话，还没有要逃走的意思。我们很难站在他们的角度，理解他们的行为。这些土著人根本就不知道刚才在耳边响起的是什么，也许他们认为这就是一种声音，或者把声音当成一种打击，所以摸了摸脑袋。同样的，要是他们看到子弹擦出的痕迹，说不定会琢磨是什么东西弄的，因为子弹速度很快，转眼之间就击中物体，这对他们来说完全无法理解。而且，子弹的力量巨大，穿过物体又不会击碎它，这会让他们觉得子弹没有什么威力。当然，很多低等的野蛮人，比如火地人，也见过物体被子弹打中，甚至见过用毛瑟枪打死小猎物，但对枪的威力仍没有一点儿概念。

1月22日，我们在杰米的部落和昨天见过的那群人之间的地带宿营，那是一块中立区域，所以我们安然度过一晚。我们早上出发，继续前进。我认为，宽广的地带或是中立地带，很能反映出各个部落之间的敌对情况。杰米·巴顿很清楚我们的厉害，但一开始他也不愿意在对他们部落有敌意的地方上岸。他经常说野蛮的奥恩人，"当树叶变成红色时"，就会从火地岛的东海岸翻过山丘，侵犯当地的土著人。当他讲述这些时，眼睛放着光，表情生动狂野，像换了一个人似的。船队继续沿着比格尔海峡航行，这里的景色奇特，却十分壮观，然而从船上望去，视野很低，景色大打折扣，只能看见一道道河谷，看不到起伏的山峦。两岸是约900米高的山，山顶尖尖，错落有致。420米~450米高的地方从水边拔地而起，其上都被森林覆盖，再往上的地方光秃秃的，没有树木生长。极目远眺，两岸树木停止生长的地方连成一条水平线，就像海上涨潮时标记水位的那条线。

夜晚，我们在庞森比海峡和比格尔海峡的交界处宿营。这里有一家火地人，人口不多，住在港湾里，安静而友善。我们扎营生火后，他们走过来，跟我们一起烤火。我们都穿着衣服，而且就坐在篝火旁边，却也不觉得暖和。然而，让我们吃惊的是，这些赤身裸体的火地人离火堆很远，却热得浑身冒汗。他们非常高兴，跟我们一起歌唱，好笑的是，他们总跟不上节

拍。我们宿营的消息已经传开。第二天（23日）早晨，又来了一拨人，他们是特立尼卡人，也就是杰米所在的部落的人。有几个人跑得太猛，流了鼻血，说话语速很快，嘴角满是白沫。他们在裸露的身体上涂着黑白红三色，看上去就像是打了架的恶魔。我们再度起航，有12条独木舟随行，每条独木舟上坐着四五个人，向庞森比海峡上游挺进，直到抵达杰米认为能够找到母亲和亲人的地方。他早就听说父亲死了，不过他相信梦的力量，说自己在梦里知道了，他安慰自己"无能为力"，所以并不太痛苦。至于他父亲死亡的原因，亲友都不愿提及，所以他也不知道。

现在，杰米回到了他的故土，指挥着船队停在一个漂亮的小港湾。这个港湾名叫乌利亚，四周都是小岛，每座岛的每一个岬角都有自己的名字。我们见到了杰米部落的一个家族，但他们不是杰米的亲戚。我们双方都很友好。晚上，他们派人划独木舟去通知杰米的母亲和兄弟。港湾附近有几亩坡地，不像别处一样覆盖着泥煤和树林。费茨·罗伊船长本来想把约克·明斯特和菲吉亚送回他们的部落去，不过这两个人想留在这里，因为这里的条件很适合居住。于是，船长决定就把他们三人以及马修牧师安顿在这里。大家花了五天的时间，帮他们搭了三个棚屋，卸下他们的东西，并开辟出两个菜园，播下一些种子。

24日早晨，火地人闻风而至。杰米的母亲和兄弟也过来了。杰米从很远就听到一个兄弟洪亮的声音。然而，火地人和亲人见面的场景，还不如一匹独居野外的马见到老伙计那般热情。他母亲没有母子团圆时的激动万分，就看了他一会儿，然后便照料自己的独木舟去了。不过，我们从约克那里听说，杰米失踪后，他母亲极度悲伤，四处寻找，以为他被带到船上后会被丢下来淹死。这些女人非常关注菲吉亚，也很友善。我们注意到杰米把自己的语言忘光了。我想，很难再找出一个人比他更糟——本族的语言只会一点儿，英语也不会几句。听到他对未开化的兄弟说英语，还用西班牙语问"你懂了吗"，真是既觉得好笑，又觉得他可怜。

之后的三天非常顺利，菜园在开垦中，棚屋也在建造中。我们估算，这拨土著人得有120个。女人们辛苦劳动，男人们则到处游荡，看着我们干活。他们看到什么都问我们要，能偷走就偷走。见到我们唱歌跳舞，他们也很高兴，尤其喜欢看我们在附近的小溪里洗澡。他们对什么事都无所谓，见到我们的船也没什么兴趣。约克离家几年，在见到的东西中，最让他吃惊的是鸵鸟。那是在马尔多纳多附近，他见到鸵鸟时，吓一跳，气喘吁吁地跑到拜诺先生面前说："啊，拜诺先生，鸟跟马一样了！"那个样子就跟土著人看到我们的白皮肤一样。土著人见到黑皮肤的人也一样吃惊。洛先生说过一件事，在一艘捕鲸船上，有一个黑人厨师，土著人见了十分惊讶。他们把那个黑人围起来，大吼大叫，吓得那个黑人再也不敢上岸了。

事情进展得非常顺利，我和几个军官每天去周围的山林考察。27日，妇女和儿童突然不见踪影。约克和杰米也猜不出原因，我们有些不安。一些人认为，头天晚上我们擦拭枪械，吓到了他们；也有一些认为，一个年迈的土著人惹了祸。那天，放哨的人告诉那个年迈的土著人不要靠近，他却吐了一口痰在放哨人的脸上，然后又对着一个火地人打手势，说那个人要把他们杀了吃掉。费茨·罗伊船长为了避免发生冲突，让我们到数千米以外的港湾过夜。马修牧师性格坚韧，决定留下来。那三个火地人也不走，觉得没什么可怕的。所以，我们只好独自离开，留下他们度过了一个可怕的夜晚。

28日早晨，我们回来后发现一切平安，土著男人正划着独木舟，在用长矛叉鱼。船长决定把一艘快艇和一条捕鲸船先送回大船上，留下两条船，一条由他指挥，还邀请我一起上船，另一条由哈蒙德先生指挥，继续考察比格尔海峡的西部，之后返回定居点。未曾料到，那一天特别热，把我们的皮肤都晒伤了。天气好的时候，比格尔海峡中部的景色也蔚为壮观。左右望去，满眼皆是青山碧水，河道向远处延伸，直到消失在地平线上。远处有几头巨大的鲸鱼，向四面八方喷水，这更说明此处是大海的一个狭长港湾。又一次，我见到两头这样大的鲸鱼，可能是一对儿，一前一后地游着，离岸很近，岸上榉树的枝条都垂到了水上。我们的船一直前进，直到夜幕降临，在一处静谧的溪流边，扎营过夜。溪流边的卵石不仅干燥，而且还舒适，当睡床真是极大的奢侈。旅行在外的人什么地方都能睡。不过，泥炭地面潮湿，石头地面不平坦，要是按照船上的方式做饭、吃饭，石头又会弄到饭菜里，所以夜晚能在光滑的卵石上睡在自己的睡袋里，别提有多惬意了！

达尔文说 在离开火地岛东岸时，我们也曾看过一幕震撼人心的场景：几头抹香鲸除了尾部，整个身体都跃出海面。接着，它们又侧着身子钻进海里，飞溅起很高的浪花，并发出了一种类似于远处传来的舷炮齐射的声音，向四周扩散。

当晚，我值班到一点。夜深人静时，人很容易产生一种强烈的想法，体会着自己正在世界的某一个角落，想着过往的事，心里唏嘘不已。万籁俱寂，只听见帐篷里同伴们的呼噜声，偶尔有一两只鸟会叫几下，还有远方传来的狗叫，这些无不提醒着我身处野蛮之乡。

游历比格尔海峡

1月29日清晨，我们抵达比格尔海峡的分叉口，进入北边的水道。这里的风景比之前更加壮观，北面都是花岗岩构成的高山，直入云端，平均海拔在900米～1200米，其中的最高峰海拔1800米。山上覆盖着终年不化的积雪，无数的瀑布飞流而下，穿过密林，流入海峡。在很多地方，雄伟的冰川从高山一侧向下伸入水中。碧海蓝天倒映在冰川之上，显得更加深邃迷人，在山上白色积雪的衬托下，越发娇翠欲滴，没有比此景更加美丽壮观的了。

偶尔，从冰山上掉落的碎块落在水上，形成一两千米长的浮冰，犹如小号的北冰洋。吃饭的时候，我们停在岸边，看着千米之外的浮冰，像座竖直的山崖，欣赏之余，希望能掉下更多的碎块，让我们一饱眼福。过了一会儿，我们突然听见轰的一声，一大块冰掉了下来，马上掀起巨大的海浪，一波又一波，向我们冲来。大家飞快下船，想趁海浪到来之前，保护好船，不然巨浪肯定会把船砸烂。一个海员刚抓住船头，翻滚的海浪已经到了，他倒下了，然后又站起来，再次摔倒，幸好没有受伤。我们的船也被抛到高处，又掉下来，幸运的是也没有损坏。这真是不幸中的万幸，因为我们距离大船有160千米，如果小船坏了，我们没有补给和武器。我之前看到岸边有一些碎石，是近期被移动过地方的，现在看到这些巨浪，才清楚它们移动的原因。溪流的一侧是由云母板岩构成的岩壁，顶部有约12米厚的冰川，而另一侧是一个海岬，高约15米，由巨大的花岗岩和云母板岩构成，岩石之间生长着一些古老的树木。这个海岬显然是一个冰碛，是在冰川规模变大时堆积起来的。

快到比格尔海峡北部分支的西口了，我们驶过许多荒芜的小岛，天气也很糟糕，没有看见一个土著人。两岸都是陡峭的山崖，想找一个搭帐篷的地方都要走好几千米，好不容易才找到一块平地，能够支起两顶帐篷。一天晚上，我们不得不睡在巨大的圆形卵石上，上面满是腐臭的海草，海水一涨潮，我们就得起来换个地方。我们抵达的最西面是斯图尔特岛，当时离我们的大船有240千米远。回程，我们从南部的分支回到比格尔海峡，再从那里回到庞森比海峡。

重回乌利亚

2月6日，我们回到乌利亚。听到马修牧师说的火地人的种种恶行，费茨·罗伊船长决定把他带回船上。马修牧师最后留在了新西兰，因为他哥哥在那里传教。从我们上次离开后，土著人就开始不断地打劫马修牧师他们几个。这些土著人一拨又一拨，偷了约克和杰米很多东西，马修牧师也丢了很多东西，甚至可以说除了他藏在地下的，其他的都被偷了。土著人把偷走的每一样东西都撕开分掉。马修牧师说，数日来他为了保住一块手表，整天被土著人包围，听着他们的叫嚷，心烦至极。他们就想让他筋疲力尽，然后好拿走手表。一天，马修牧师让一个老人离开棚屋，很快那人又回来了，还拿着石头和木棍。还有一天，一帮人带着石头和木棍，其中有几个年轻的，甚至还有杰米的兄弟，不断地大声叫嚷，最后给了他们一些礼物，才把他们打发走。还有一些人打手势，要扒他的衣服，还要拔光他脸上和身上的毛。我们回来得非常及时，救了他一命。

杰米的族人虚荣而蠢笨，他们不仅把打劫来的东西展示给陌生人看，还告诉人家打劫的过程。把这三个火地人丢给自己野蛮的同胞，真让人伤心，然而他们三人却不害怕，这对我们来说多少有些慰藉。约克身强体壮，意志坚韧，和妻子菲吉亚在一起，一定能好好生活下去。可怜的杰米不太高兴，我敢说，要是把他带回英国，他也会同意。连他的兄弟都来偷他的东西，正如他所说，"这都什么世道"。他咒骂自己的族人"都是坏蛋，狗屁不通"，还骂了我从来没听他说过的"该死的笨蛋"。这三个火地人虽然只跟文明人生活了三年，但我敢肯定地说，他们宁愿自己保持新养成的习惯，不过很明显他们做不到。我担心的是，这三年在文明世界的经历没有给他们带来任何好处。

重回"小猎犬"号

到了晚上，马修跟我们一起上了小船。我们扬帆起航。从南部海岸绕行，而不再从比格尔海峡穿越。船上装了很重的东西，又遇上很大的风浪，旅途非常凶险。我们终于在7日晚上回到阔别20天的"小猎犬"号上。这20天里，我们的小船航行了480千米。11日，费茨·罗伊船长自己又去看望了那三个火地人，他们一切顺利，也不太丢东西了。

1834年2月的最后一天，"小猎犬"号抵达比格尔海峡的东口，停靠在一个小海湾内。虽然当时刮起了很大的西风，但费茨·罗伊船长仍然决定继续沿着之前的路顶风前进。在庞森比海峡一带，我们没有看到多少土著人，只有十几条独木舟一直跟着我们。这些当地人不知道我们在逆风航行，每次都花费很多力气跟在后面，按照之字形航行。非常有趣的是，因为和他们差距明显，我们对他们的态度也和之前完全不同。以前，在小船上，我厌恶他们发出的任何声音，因为他们制造了太多的麻烦。他们总说"呀么斯库纳"，真让人厌烦。有一回，我们来到一个小海湾，以为会度过一个宁静的夜晚，结果从角落里又听到了尖声大叫"呀么斯库纳"，之后看到了袅袅向上的烟雾，那是在告诉别的土著人我们到来的信号。每次离开某个地方，我们都对彼此高兴地说："感谢上苍，终于离开这个鬼地方了！"然而，话音未落，就听到一声"呀么斯库纳"，那是所有土著人发出的呐喊。现在，到了大船上，心情变得不一样了。火地人越多，我们越高兴，双方聚在一起，全都乐开了花。他们给我们上等的鱼蟹，我们也给他们破布旧物。他们以为遇到了一群傻子，为了一顿饭，就把这么漂亮的织品献出去了。有一个年轻女人，脸上涂着黑色，头上缠了几条红布，高兴地四处炫耀，真是滑稽。她的丈夫享受着这里普遍的权利，可以娶两个妻子。一看到大家如此关注他年轻的妻子，他就很忌妒，与两个赤身裸体的妻子商量后，划船离去。

有一些火地人知道要以物换物，我给一个男人一颗铁钉，这在土著人看来可是一件珍贵的礼物，我并没有索要任何回礼，他就给我挑了两条好鱼，用鱼叉递给我。假如馈赠礼物不小心扔到了另外一条船上，那个船上的人会再扔给受赠人的。洛先生带回船上的那个火地男孩喜欢撒谎，却不愿意被别人指责，他知道撒谎有多么不好，却还是撒谎了。奇怪的是，这次与火地人打交道却没有受到多大的损失，基本没有人偷拿我们的东西，虽然有些东西对他们非常有用。他们只对一些小东西感兴趣，比如一块红布或者一串蓝珠子，再比如船上为什么没有女人、我们喜欢洗澡等。复杂的大物件，比如我们的船，丝毫引发不了他们的兴趣。法国早期航海家干维尔曾说过，这些土著人把人类伟大的发明看得跟大自然一样。所以，在他们的眼里，我们的轮船和日月星辰一般。

最后的告别

3月5日，我们的船停靠在乌利亚，周围并无任何人迹。对此，我们大吃一惊，因为庞森比海峡的土著人曾告诉我们，这里在打仗，后来也听人说过，奥恩人下山了。过了一小会儿，有一条独木舟划了过来，上面有一面飘扬的旗帜。独木舟离得越来越近，我们看到一个人影，正在用水洗去脸上的颜料。原来是可怜的杰米，他变得憔悴瘦弱，头发长而乱，几乎赤身裸体，只有腰部裹着一块厚厚的布。直到靠得很近，我们才认出他来，他反而羞愧得把身体转了过去。我们上次分开时，他还胖乎乎的，干净整齐，像模像样的，多日不见，居然判若两人，让人惊讶不已。等我们把他迎上船，让他穿上衣服，刚才的尴尬便消失了，还跟原来一样。他和费茨·罗伊船长一起吃饭，用餐时也遵守礼仪。他跟我们说，他有"很多好吃的"，吃穿无忧，亲人都很好，他不想再去英国了。晚上，我们发现了杰米发生如此巨变的原因，他年轻漂亮的妻子过来找他了。他送给船上玩得最好的两个朋友两张好看的水獭皮，还做了一些矛尖及箭头送给船长。他还说自己做了一条独木舟，并且能说点儿自己部落的语言了。最棒的是，他教给部落里的人一些英语，一个老人现在能用流利的英语宣布"Jemmy Button's wife"（杰米·巴顿的妻子）。他所有的财产都没了。他还对我们说，约克·明斯特造了一条大独木舟，已经和妻子菲吉亚一起回了故乡，而且走的时候说服了杰米和他母亲同行，但在半路上抛弃了他们母子，卷走了杰米所有的财产。

达尔文说 后来，沙利文船长又驾驶着"小猎犬"号去福克兰群岛考察。1842年，船长听一个捕海豹的人说，在麦哲伦海峡附近有一个土著女人会讲英语。毋庸置疑，这个女人就是菲吉亚，她还在捕海豹的人的船上住了几天。

夜晚，杰米回到岸上，第二天一早又回到船上，直到我们起航。他妻子一看我们要走了，吓得大哭起来，以为杰米也要走了，直到他又回到独木舟。他下船时，满载而归，船上的人都依依不舍，跟他握手告别。现在，我真的相信，如果他不曾离开家乡，他也会一样幸福，甚至比现在更幸福。所有人都希望费茨·罗伊船长的崇高理想能够实现，在他为火地人做出许多慷慨的牺牲之后，能够得到回报。比如将来某一天，在海上遭难的船员能够得到杰米·巴顿后代的救助。等杰米到了岸边，燃起了一堆烟雾，向我们做最后的告别时，我们的大船正在慢慢驶向大海。

火地岛的部落之间，人与人完全平等，这样必然会推迟他们文明的进程。就如我们看到的群居动物依靠本能，生活在群体中，服从一个首领的领导，这样的群体最难进步。无论我们看到的是原因，还是结果，仅仅从事实来看，文明程度越高，统治的组织就越复杂。例如，塔希提岛，在最开始发现时，由世袭的国王统治人民；而同一种族的另外一支——新西兰人文明程度则更高一些。新西兰人虽然受条件的限制，开始重新重视农业，并因此带来收益，然而他们都是绝对的共和主义者。在火地岛，除非能推选出一个首领，获得很多权力，比如得到很多家畜，否则这里的政治状况就不会有任何改善。现在，有人得到一块布都得撕成细条，分给每个人，人人平均，谁也不会比谁富裕。换个角度说，如果一个首领没有财产，他用什么来表现他的强权和实力呢？他又怎么能成为首领呢？对此，我非常疑惑。

在我看来，南美洲的这片土地上，人们进化得比世界其他地方都慢。太平洋上两个南海岛的人，进化程度要比他们高一些。因纽特人有地下洞穴，会享受舒适的生活，而且如果他们的独木舟装备齐全，划起来也会很轻巧。非洲南部的某些部落，人们四处寻觅树根，生活在干燥而荒凉的乡野，条件非常艰苦。澳大利亚的土著人与火地人一样，生活简单，自诩会使用飞镖、矛枪和梭镖，还会爬树、追踪野兽和狩猎。尽管澳大利亚土著人生活技能要高一些，但是不能就此说明他们的智力也很高。事实上，比较我在船上看到的火地人，和在书中读过的澳大利亚土著人，情况恰恰相反。

Chapter 9

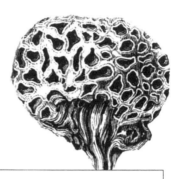

麦哲伦海峡：
南部海岸的气候

1834年6月1日，"小猎犬"号重新来到饥饿港。此时正逢初冬，大地一片荒芜，了无生机。这叫我不禁想起2月在这里时的一些情景。

攀登塔恩山

有一天早上，我4点钟就起床了，开始攀登塔恩山。该山海拔780米，是当地的最高峰。同行数人，我们先乘小船抵达山脚，虽然不是最佳登山地点，但也没有别的办法，只能从这里开始登山。山上的森林从最高水线处开始生长，头两小时我几乎放弃了登顶。此处森林密集，我们只能借助指南针，因为山里所有地点都被遮住。在幽深的森林深处，荒凉的景象无法用语言来形容。山谷外狂风四起，但在山里却是一片沉静。森林下面幽暗、潮湿的地方，就连菌类、苔藓和蕨类都不能生长。山里都是坠落在地的腐烂树枝，即便爬行，也不能很快通过。有些天然桥梁，看上去正常，但一踩上去，就会齐膝陷进去，很难拔出来。累的时候，想靠着树休息一下，但这些看上去结实的树干，实际上已经腐烂，稍微一动，就会落到地上。最后，我们终于到达高处，这里树木矮了不少。很快，我们就到了裸露的山脊，从这里可以直通山顶。四下望去，周围很有火地岛的特点：群山连绵，山顶有积雪，山间是黄绿色的森林，大海狭长的港湾从各个方向与陆地相连。山上狂风刺骨，笼罩在一片雾气中，不适宜过多停留，所以我们很快就下山了。下山不花什么力气，因为身体的重量逼迫你向下走，就算跌倒摔跤，也不会迷失方向。

之前说过，饥饿港附近的常绿植物一般都阴暗惨淡，并且种类稀少，只有两三种，其他植物都被排斥在外。森林之上有许多低矮的高山植物，从泥炭中生长出来，又同时促进了泥炭的生成。奇怪的是，尽管这里和欧洲相距遥远，但这些植物和欧洲高山上的物种关系亲密。火地岛中部有黏土——板岩的地方，最适宜植物生长，而沿海地区的土壤都是由贫瘠的花岗岩构成，又经常刮大风，所以没有高大的植物。在饥饿港一带，我看到的大树多于其他地方。我测量过一棵冬青树，径围长达1.35米，好几棵山毛榉的径围约有4米。金船长也说过，有一棵山毛榉高5米多，直径达2米多。

真　菌

火地岛有一种重要的食物来源值得我们注意，那是一种亮黄色的 球形真菌 ，生长在山毛榉上。没有成熟时，真菌表

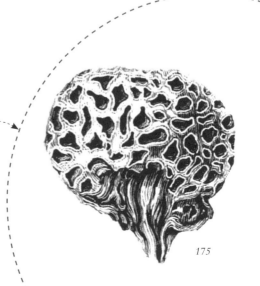

面光滑，非常有弹性；成熟后，萎缩变硬，表面如陷进去的蜂窝一样。这种真菌属于一个新的品种，在智利时，我曾在另一种榉树上看到过同一个属的另外一种。胡克博士跟我说，最近在范迪门地的第三种榉树上，发现了同一个属的第三种。世界上相距遥远的地方，寄生菌类与其所生长的植物之间的关系是如此相像，这是多么奇妙的事啊！在火地岛上，妇女儿童都采集这种真菌，不用煮熟就能食用。它吃上去有些粘牙、微甜，闻起来有蘑菇的香气。当地人不太以植物作为食物，除了吃一些树莓外，还吃这种真菌。在新西兰，土豆被引进之前，那里的人曾吃过羊齿蕨的根。而今，我相信世界上唯一吃隐花植物的地方，就只有火地岛了。

> 约瑟夫·道尔顿·胡克（1817～1911），英国植物学家，达尔文的密友。他曾到各地考察，研究了美洲及亚洲植物的关系，证明进化论对植物学的实用价值。

火地岛上的动物

我们可以想象，火地岛的气候和植物多么贫乏凄惨。在哺乳动物中，除了鲸鱼和海豹，还有一种蝙蝠、一种类似鼠类的啮齿动物、两种真正的鼠类动物、一种栉鼠、两种狐狸（麦哲伦狐和阿扎拉狐）、一种海獭、南美原驼和一种鹿。这些动物多数都生活在火地岛东部的干旱地区，而麦哲伦海峡的南部，看不见鹿的踪影。

在海峡的两岸，岩石以松软的砂岩、泥土和砾岩为主。观察这些岩石以及深入到海峡的小岛上的岩石，我们不得不承认，这片土地之前是相连的。

因此，吐科吐科和栉鼠这些小型动物就可以穿梭其间。然而，这些岩石虽构造相同，但不能证明它们曾经相连，因为这样的山崖多半是由倾斜的沉积层交叉形成的。而这一沉积层，早在地面上升之前，就在海边堆积起来了。虽然这么说，但也有一个巧合，比格尔海峡把火地岛切分成两座大岛，其中一座岛的山崖是由一层一层的冲积土构成的，与对岸山崖的构成一样，而另外一座岛由古老的结晶性岩石构成。第一座岛的名字是纳瓦林岛，上面有狐狸和原驼；第二座岛的名字是霍斯特岛，虽然地理环境与第一座岛大同小异，而且二者是由一条不到一千米的水道彼此隔开的，但听杰米·巴顿说，上面没有这两种动物。

在阴暗的森林中，很少有鸟类栖息。偶尔有一只白头霸鹟在哀鸣，不过它们隐藏在树顶上，看不到它们的身影。此外，也能偶尔听到一种黑色大啄木鸟的怪异叫声，它们头上有一个漂亮的红色羽冠。另外，腐烂的树枝间常见一种灰色的安第斯窜鸟，跳来跳去。旋木雀也很常见，整个山毛榉树林，无论高处还是低处，无论在多潮湿阴暗的角落或者深山幽谷中，都能看到这种鸟的身影。它们到处都是，喜欢跟随进入森林的行人，所以看上去比实际上还要多。这些鸟总是发出叽叽喳喳的声音，扑腾着翅膀，从一棵树飞到另一棵树，离行人不过几米。它们不像真正的旋木雀那样低调内敛，也不像它们那样沿着树干向上爬，而是像柳莺一样，不断地跳来跳去，在各个枝头觅食。森林的空地里还有三四种雀科鸟类，有画眉鸟、欧椋鸟、克洛雀，还有几种鹰和鸮类。

火地岛没有爬行动物，福克兰群岛也没有。我之所以这么说，有自己的观察作为依据，而且从这两个地方的当地人那里也是这么听说的。杰米·巴顿也曾说过火地岛的情况。在圣克鲁斯河两岸，南纬50°的地方，我看到过一种青蛙，这种动物和蜥蜴一样，分布在南边的麦哲伦海峡地区，因为那一带还保留着巴塔哥尼亚的特性，但在潮湿的火地岛上却一种都没看见。从此点可以看出，这里的气候不适宜爬行动物生存，不过这里没有青蛙却有点儿匪夷所思。

这个地区的甲壳虫也不多。很难相信，这里和苏格兰一样广阔，植被物产丰富，生存环境也多样，甲虫却不多。我在石块下面找到了一些高山种的甲虫。金花虫属这种带有热带物种特性、吃植物的类型，在这里几乎消失。这里只能看到蝇类、蝶类和蜂类，而且数量都很稀少，蟋蟀和直翅目昆虫则完全不见身影。在水洼里，有一些水栖甲虫。除了琥珀螺，也没有发现淡水贝类，但它在这里是陆生的贝类，栖居在潮湿的草地上，而不是淡水中。本来，陆生贝类和甲虫一样，在高山环境里才能发现。我曾经比较过火地岛和巴塔哥尼亚的气候和地貌，这两个地方生活的昆虫也大不相同。我不相信这两个地方有共同的物种，因为两地昆虫具有很大的差异性。

海洋物种

要是把关注点从陆地转移到海洋，我们就会发现，海洋中的物种多样，与陆地上物种的贫乏形成鲜明对比。世界上有石崖的地方，如果再能形成天然屏障，那么其养活的物种数量就会比其他地方要多。有一种海产品的地位十分重要，所以在这里详细说一下。这个物种就是 海带 ，或者也可以叫作巨藻。它们生活在礁石上，从浅水到深水里，无论是外海海域，还是海峡里，都能见到它们。我认为，在"冒险"号和"小猎犬"号的两次航行中，经过的地方只要有礁石，就会被这种海藻覆盖。它们能保护船只的安全，特别是在狂风暴雨中航行的船只，海带能够阻止其触上礁石。令人惊奇的是，在大西洋巨大的礁石岛上，这种植物长势旺盛。在这些巨浪的冲刷之下，再硬的岩石都变得光滑而没有棱角，而这种海藻却得以生存。它们的茎干呈圆形，非常光滑，表面有黏液，直径一般不超过3厘米，几棵聚在一起，便能承受大块岩石的重量。在内陆海峡中，它们生长在石头上。这些石块通常都很重，无法一人搬到岸边。库克船长在第二次航行的日志中写到，在凯尔盖朗岛，这种植物从44米的深海上浮上来，"它们不是垂直生长的，而是与海底呈一个锐角生长，并在海面上伸展开来。我相信，有的海带能长到110多米"。我不知道，还有什么植物也能长这么长。费茨·罗伊船长也从深82米的海里发现过一棵。它们生长的海底，即使不太宽，也能形成绝佳的天然防波堤。在一个大的港湾里，人们看到翻腾而来的巨浪，在经过一大群海带后，规模马上变小，最终风平浪静，这是非常有趣的事。

附着在海带上的物种，数量惊人。栖息在这里的生物，真够写一本巨作了。所有的叶子上，除了浮在海面上的，全都覆满了一层珊瑚藻，形成一层白色的硬壳。珊瑚藻结构很精致，有一些里面是简单的水螅状腔肠动物，另一些是更高级的海鞘纲群居动物。此外，叶子上还有一些各种形状的贝类，如马蹄螺属、无壳的软体动物以及一些蚌类动物。常见的还有很多甲壳纲动物，生长在海带的各个部分。只要动一下海带巨大的根部，就会出现一群小鱼、贝类、乌贼、蟹类、海胆、海星、漂亮的管海参、真涡虫属动物，以及各种形状的沙蚕科动物。我经常隔一段时间就观察一下同一棵海带，总能发现结构奇怪的动物。在奇洛埃岛，海带长势平平，没有贝类、珊瑚藻和甲壳纲动物附着，但有一些藻苔虫科动物和一些群居的海鞘纲动物。不过，这里的海鞘与火地岛的不是一个物种。

可以说，海带要比附着在自己上面的动物分布得广。南半球的这些水生丛林，只能与热带地区的那些陆地丛林做比较。不过，要是陆地上的森林被毁灭，我相信同时被毁灭的物种种类，不会多于因海带的毁灭而毁灭的物种种类。在这种藻类的叶子上，栖息着许多鱼类，它们在别的地方没有食物和庇护所。这些藻类一旦灭亡，许多鸬鹚和其他以鱼类为生的鸟类、海獭、海豹和海豚，都会跟着毁灭。最终，在这片悲惨的地方生活的悲惨人类，就会更加残暴地吃同胞的肉，导致人口锐减，或许有一天会消失在地球上。

6月8日，我们离开了饥饿港，10日清晨，我们驶进太平洋。南美洲西海岸的多数地区都是由光秃秃的低矮山丘组成，岩石由圆形的花岗岩与绿岩构成。纳伯勒爵士把其中一部分命名为南荒地，因为这个地方看上去非常荒凉。事实就是如此。在主岛的外海有很多礁石，汹涌的海浪不停地冲刷着这些石头。我们的大船从狂怒湾驶出，向偏北的方向航行。那里白浪翻滚，所以被称作"银河"。久居陆地的人只要看一眼这里的海域，整个星期都会噩梦连连，不断梦到沉船和死难事故。我们看着此景，与火地岛永别。

南美洲南部的气候与物产

下面我们开始讨论南美洲南部的气候与物产之间的关系，还会讨论雪线、降得特别低的冰山以及南极各个岛的永久冻土带等问题。

火地岛和西南沿岸的气候与物产
（该表列出了火地岛、福克兰群岛和都柏林的平均温度，以供参考）

地区	纬度	夏季平均温度	冬季平均温度	夏冬平均温度
火地岛	南纬53°38′	10℃	0.56℃	5.3℃
福克兰群岛	南纬51°30′	10.5℃	—	—
都柏林	北纬53°21′	15.3℃	4.0℃	9.6℃

冯·布赫(1774～1853)，德国地质学家和古生物学家。

从上面的表格中可以看出，火地岛的中部冬天很冷，夏天比都柏林温度低很多。根据 冯·布赫 的观测数据，在挪威的萨尔顿福德，7月（不是一年最热的月份）的平均温度达14.4℃，而从纬度而言，较之火地岛离南极的距离，那里离北极更近13纬度。

理论上，寒冷的气候不适宜生存，但经常可以见到生长旺盛的常绿植物。在南纬55°地区，蜂鸟在采花蜜，鹦鹉在吃椴梣树的种子。之前我也说过，这里的海洋生物种类繁多。贝类，如钥孔帽螺属、石鳖属和藤壶亚目，从索尔比记载的数据来看，比北半球的类似物种更大、移动速度更快。火地岛南部和福克兰群岛有一种大型的涡螺属动物，数量惊人。在布兰卡港南纬39°的地方，最常见榧螺属的三个物种（其中一个身体庞大）、涡螺属的一两个种和笋螺属的一个种。这些物种带有明显的热带特征。在欧洲南海岸，我们怀疑有榧螺属的一个物种，而另外两个属的物种完全没有。假如地质学家在北纬39°的葡萄牙海岸找到一个地层，里面有榧螺属的三个物种、涡螺属和笋螺属的各一个物种，他肯定会推断，这些贝类生活的时期，那里必然也是热带气候。然而，从南美洲的情况来看，这种推断多半是错误的。

火地岛的气候潮湿而多风，天气单一，在南美洲大陆西海岸的很多纬度

达尔文说 火地岛的气温是根据金船长的监测资料，以及"小猎犬"号路过此地所做的检测得出的数据换算而来的。沙利文船长曾对火地岛最热的3个月（12月、1月和2月）进行过气温检测，并将平均值（这一数值是根据每天0点、8点、12点和22点的气温严格检测值得来的）告诉了我，在此我表示感谢。另外，关于都柏林的气温数值来自巴顿先生的著作。

里，情况都一样，只是温度稍高一些。在合恩角北部960千米的森林地带，情况也是如此。为了说明天气单一，我可以再把地区向北延伸五六百千米，在奇洛埃岛（纬度与西班牙北部的纬度一样），桃树不太结果，但草莓和苹果常常收获颇丰。大麦和小麦收割后要放到屋子里才能干燥、成熟。智利的瓦尔迪维亚与西班牙的马德里纬度一样（40°），但葡萄和无花果无法成熟，橄榄也无法成熟或者半熟，柑橘绝不会结果。然而，众所周知，在欧洲的同样纬度里，这些水果长势旺盛。在美洲大陆的另一侧，即内格罗河岸，不仅种植着马铃薯，而且葡萄、无花果、橄榄、柑橘、西瓜和香瓜等水果也长得非常好。奇洛埃岛及其南北海岸，气候潮湿，不适宜英国水果的生长，

但当地的森林在南纬38°～45°却生长茂密，可以与热带的森林相媲美。各种树木高大挺拔，树皮光滑，颜色斑斓，上面长满了寄生的单子叶植物，还有许多外观优美的大型蕨类，以及藤本植物盘结在树木间，形成一个离地面9米～12米、交织在一起的 植物群体 。棕榈树生长在南纬37°的地区。有一种类似竹子的树状草生长在南纬40°的地区。还有一种与它类似的物种，体形不大，倾斜生长，在南纬45°的地区生存，长势良好。

显然，单一的气候是由于海洋的面积过大造成的，南半球的多数地区都是如此。所以，这里的植物带有亚热带的特征。在范迪门地（南纬45°），树蕨长势旺盛。我曾经测量过一棵树蕨，径围不少于1.8米。在新西兰南纬46°地区，福斯特发现了一种树状蕨类，上面寄生着兰科的植物。根据第芬巴赫博士的记录，在奥克兰群岛上，蕨类的茎干又粗又大，说是树蕨也未尝不可。在这些岛上，包括往南到南纬55°的麦夸里群岛，有许多鹦鹉生存。

南美洲的雪线高度及冰川的下降

地区	纬度	雪线高度（米）	观测者
赤道	平均值	4800米	洪堡
玻利维亚	南纬16°～18°	5100米	彭特兰
智利中部	南纬33°	4350米～4500米	吉列斯和本文作者
奇洛埃岛	南纬41°～43°	1800米	"小猎犬"号全体军官和本文作者
火地岛	南纬54°	1060米～1200米	金船长

由于永久雪线的高度主要是由夏季的最高温度决定的，而不是一整年的平均温度，所以如果看到麦哲伦海峡地区的雪线，只有海拔1060米～1200米，也不要惊讶，因为这里的夏天过于凉爽。而到了挪威，同样高度的雪线只能在北纬67°～70°看到，也就是离北极更近约14纬度。在奇洛埃岛后面的科迪勒拉山脉上，雪线的高度（高度仅有1706米～2286米）与智利中部相差约2700米，两地的纬度仅相差9°，真令人惊讶。奇洛埃岛南部到康赛普西翁（南纬37°）之间的地区，生长着茂密的丛林，弥漫着潮湿的空气，阴天远比晴天多。南欧的水果在这里基本无法生长。然而在智利中部，康赛普西翁北部的地区，正好相反，天气晴朗，夏季一连7个月都没有雨水，因此南欧的水果甚至甘蔗，在这里都长势极佳。离康赛普

 达尔文说

我认为，安第斯山脉位于智利中部地区的部分，其雪线年年都不一样。我确定，虽然阿空加瓜火山的雪线有7000多米，但在炎热、干燥的夏季，其山顶上的积雪也会消失不见。我想，雪也许是被蒸发掉了，而不是融化了。

西翁不远，永久性雪线上升2700米，在世界其他地方都找不到同样的状况。这里不再有森林覆盖。在南美洲，森林茂密说明气候多雨，而多雨的气候则说明阴天多，夏季凉爽。

我认为冰川下降到海平面，应满足三个条件，即海岸附件的雪线很低，山势非常陡峭，上游的积雪很多。在火地岛，因为雪线非常低，很多冰川都能延伸到海里，关于这点我们都能推测出来。然而，有一个山脉仅有900米～1200米高，纬度和坎伯兰（英国的西北部）相当，其每条山谷里都是冰河，一直流入海里，这让我非常惊讶。在火地岛以及北部1040千米处的海岸上，正如考察队里的一位军官所言，每一条伸入内陆的高山山谷里都有"巨大的、吓人的冰川"。大块的冰体落到水中，引发的震动比军舰上舷炮齐发的场面更宏大，一直回响在山谷中。这些冰块下落后会形成巨浪，冲击临近的海岸。我们都知道，地震会把大块的土石从悬崖上震落。假如岩石掉下的速度极快，在狭细的水道中又遇上移动着的冰川，那么将会产生巨大的冲击力。我相信，海峡深处的水必然会回流，猛烈冲击沿岸的石崖，带走大块的石头。在艾尔海峡（纬度与巴黎相同），有巨大的冰川，然而附近的山脉最高不过1890米。在这个海峡里，我曾经见过有50多座冰山在漂流，总高度超过51米。有几座冰山上面还有一些大的花岗

岩石块，或者其他岩石，质地与附近山上的泥板岩不同。根据"冒险"号和"小猎犬"号两次考察记录，距离南极大陆最远处的冰川位于南纬46°50′，在佩纳斯湾一带。这座冰川有24千米长，有一段宽约11千米，一直延伸入

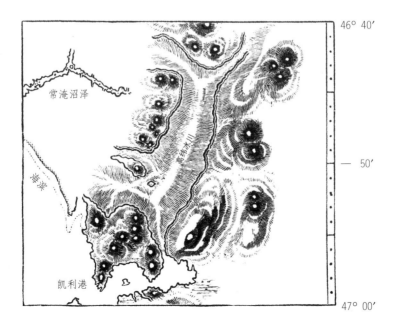

海。在此地向北绵延数千米的圣拉斐尔湖，在一个狭窄的海湾（纬度和日内瓦湖相当）里，有几个西班牙传教士于英国时间的6月见到"许多冰山，有的大，有的小，也有不少中等的"。

按照冯·布赫的记录，欧洲延伸到海里的冰川，最南在挪威海边，北纬67°的地方。这比圣拉斐尔湖离南极的纬度近20°，相当于1980千米。这里与佩纳斯湾两处的冰川位置，距离下海处纬度相差不到7.5°，即724千米处，都生长着最常见的贝类：三个榧螺属物种、一个涡螺属物种及一个笋螺属物种。相差不到9°的地方，常见棕榈树。相差不到4.5°的地方，则能在平原上看到美洲虎、美洲狮。相差不到2.5°的地方，有兰科植物寄生在树上。不到1°的地方，生长着漂亮的树蕨。

上述事实在地质学上非常重要，可以据此研究北半球在漂石移动时期的气候。关于冰山如何携带岩石碎块，火地岛东部、圣克鲁斯高原和奇洛埃岛上的巨大岩石是如何产生的以及它们的位置，在此就不做详细说明了。在火地岛上，很多漂石都位于古代水道上，如今由于陆地的上升，河道已经变成了干涸的河谷。这些漂石混在不分层的泥沙里，包含着各种大小的圆石，以及棱角分明的碎石。这些沉积在此的岩石一部分是搁浅的冰川反复冲击海底而形成的，另一部分是冰川携带的石块。如今，地质学家都认为，高山附近的那些奇异的圆石就是冰川冲刷所致。那些距离山脉很远的以及沉积在水下的岩石，或者是冰川携带，或者是石崖上的岩石坠落形成。漂石在地球上的地理范围，就能明显地说明其运动与这两类冰块之间的关系。在南美洲，从南极开

达尔文说 由于错误的勘测，造成人们误以为有些热带地区存在漂石。但我后来得知，我自己的观点已被很多学者肯定并采纳。

始，纬度48°以外就看不到漂石；在北美洲，从北极开始，纬度53.5°以外看不到漂石；而在欧洲，则是离北极纬度40°以外看不到漂石。相反，在美洲、亚洲和非洲的热带地区，从没有看见过漂石；在好望角和大洋洲也没有看过。

关于南极各个岛屿的气候和物产

在火地岛及其北部海岸，植被生长旺盛，而美洲南部和西南部沿岸岛屿的情况，则会让人感到不可思议。库克船长发现，与苏格兰北部在同一纬度的南桑威奇群岛，在一年最热的一个月里，却"积雪厚到数米"，没有任何植被。与英国约克在同一纬度的佐治亚岛，是一个长154千米、宽15千米的小岛，"盛夏时，也被冰雪覆盖"，只有苔藓、一些草类和一种地榆在此存活，只能看到一种动物，即一种陆栖鸟类。在更接近北极10°的冰岛，麦肯齐曾记载过，有15种陆栖鸟类。南设得兰岛与挪威南部纬度相同，却只有几种地衣、苔藓和一些草类。肯德尔上尉曾在英国时间9月8日来到此地，船停靠的海湾已经开始结冰。该地的土壤是由冰块和火山灰堆积而成；地表下面深一点儿的地方，肯定是永久冻土，因为他找到一具外国船员的尸体，其肌肉和面部保持完整。北半球的两个大陆（不包括欧洲大陆）在纬度低一点儿的地方，确切地说，在北美洲北纬56°一带，永久冻土在1米以下；在西伯利亚北纬62°一带，永久冻土在3.6米～4.6米以下。这与南半球的情况完全不同，真是奇怪。也许因为北半球与南半球气候等条件完全不同，北半球的大陆，天气晴朗，热量散发到空气中，再加上没有温暖的洋流调剂，所以冬天寒冷，夏天酷热而短暂。然而，在南半球，冬天不冷，夏天也不热，因为多云的天空，让太阳无法把海洋晒暖和，同时大海也吸收了很多热量。所以，南半球全年的平均温度不高，因此控制永久冻土的平均温度也不高。茂密的植物，需要很多的热量，但更为重要的是，需要保证其不受严寒的打击，所以植物能在气候温和的南半球生存，却不能在气候极端分化的北半球生活。

南设得兰群岛上在永久冻土中发现的尸体保存完好，这个事实引发了人们的关注，因为发现的地方纬度较低。相对而言，帕拉斯曾在西伯利亚北纬64°的地方发现了冻土里的犀牛。虽然我在本书前面的部分已经批判过"大型四足兽只能在繁茂的植被中生存"这种说法，但在南设得兰群岛上找到永久冻土，仍然具有重要意义。该岛离合恩角附近被森林覆盖的岛屿不足580千米，植被茂密，完全可以养活数量庞大的四足兽。西伯利亚大象和犀牛的尸体能够得到完好的保存，从地质学看有些不可思议。有人假设，它们到邻近地区获取食物。这肯定非常困难，所以这样的假想没有依据，不用理会。西伯利亚平原犹如南美洲潘帕斯平原一样，好像都是在海底形成的，河流中携带了很多动物的尸体，从各个地方汇集到一处。这些尸体只有骨头被保存下来，偶尔也有一整副骨骼保存完好。众人皆知，在美洲极地海岸的浅海里，冬天海底也被冻结，春天时没有地表融化得快。而且，在海水深处，海底没有冻结的地方，在表层之下的一两米深的泥土，就算到了夏天也在0℃以下，与陆地上一两米深的土壤情况一样。再往深处，泥土和海水的温度会高一些，无法保存动物的肉体，所以那些沿着河流漂到极地浅海中的尸体，只有骨架被保存下来。如今，在西伯利亚的最北部，有数不清的骨架被保存下来，甚至有一种传说，某个小岛就是由动物的尸体组成的。这些小岛离在帕拉斯发现冰冻犀牛的地方向北不到10°。此外，要是水流把尸体冲到极地的浅水区，很快又有厚重的泥土覆在上面，阻隔了夏天温暖海水的渗透。如果海底再缓慢上升、变成陆地，覆盖的泥土完全可以抵挡夏天炙热的空气和阳光的侵蚀，这样尸体就能永久地被保存下来。

本章概述

现在，我把本章讨论的一些主题做一个概述。鉴于我们对欧洲的情况比较熟悉，所以把南美洲的气候、冰川活动、物产等情况换成欧洲对应的区域，以此来说明。例如，在 里斯本 附近，最常见三种贝类，即榧螺属的三个物种、涡螺属的一个物种和笋螺属的一个物

里斯本：葡萄牙首都。

种，它们都具有热带贝类的特征。法国南部生长着茂密的森林，其中有许多树状植物，上面还长有寄生植物，植被覆盖了地面。在 比利牛斯山，常有美洲狮和美洲虎出没。与 勃朗峰 相同的纬度，在北美洲中部的海岛上，森林里却生长着树蕨和兰科类植物。丹麦这样靠北的地区仍有蜂鸟在花朵中飞行，鹦鹉在森林里觅食，

比利牛斯山：位于欧洲西南部，山脉东起于地中海，西止于大西洋。

勃朗峰：阿尔卑斯山的最高峰。

海里有一种涡螺属物种和巨大的贝类。然而，在离丹麦的新合恩角向北不超过580千米的地方，有一具尸体埋在永久冻土里（或者漂流到浅海，后被泥土覆盖），保存完好。假如有胆大的航海家想要深入这些海岛的北部，他就要

艰难地在冰川中穿行，并会在一些冰山上看到巨大的石块从遥远的地方被带过来。在苏格兰南部同样的纬度下有一座大岛，但其向西两倍远的地方，终年被不化的积雪覆盖，其中的每一处港湾，尽头都是一座冰崖，每年有大量的冰体沉入海底。这座岛上没什么植被，只有一些苔藓、草类和地榆，以及云雀这一种动物。从丹麦的新合恩角起，有一道山脉向南伸展，山体高度不到阿尔卑斯山的一半高；在它的西面，每一处伸入海的沟壑或峡湾的尽头，都有惊人的巨大冰川。在这些空寂的河道里，经常能听到山崩地裂的声音，同时会有巨浪拍岸。冰山有的高如教堂，有的携带岩石，有时岩石体积很大，在周围的小岛处搁浅。每隔一段时间，岛上都会有猛烈的震动，把巨大的冰块震到海里。当几个传教士想通过一条狭长的海湾时，他们会看到在周围不高的山上有许多冰川延伸到海里。他们乘船航行时，会被数不清的漂浮在海面的冰山阻挡（我们在6月22日就遇到了这种事情），而与这个地方在同一纬度的是日内瓦湖附近！

Chapter 10

智利中部

1834年7月23日晚，"小猎犬"号停靠在瓦尔帕莱索，这是智利的主要港口之一。第二天清晨，环视四周，景色美妙。从火地岛初到此地，只感觉气候宜人，天高气爽，阳光明媚，到处都充满勃勃的生机。向远处望去，有一座高山，高约480米，非常陡峭。一座小城依山而建，只有一条主街，其他房屋都零零落落，与海滩平行。一条深邃的峡谷横穿其中，两边分布着不少房屋。这里的山脉呈圆形，山中草木稀疏，有许多因雨水冲刷而形成的沟壑，土壤是一种奇特的亮红色。这样的景致再加上低矮的白色瓦房，让我想到了特内里费岛上的小镇圣克鲁兹。这里向西北望去，可以看见安第斯山的轮廓，若是从附近的山上望去，安第斯山显得更加雄伟壮观，在高处更能感受大山的磅礴气势。阿空加瓜火山也显得更加巍峨。这个庞大的圆锥体不太平整，比厄瓜多尔的钦博拉索火山高出不少。根据"小猎犬"号上的军官们的测量，它的高在7010米以上。从这里远望科迪勒拉山，山中云雾缭绕，景色秀美。当夕阳落山时，能清楚地看到科迪勒拉山巍峨壮丽的轮廓，山色由浅慢慢变深，像一幅美丽的风景画，令人赞叹。

安第斯山

8月14日，我骑马出行。此番出行为了研究安第斯山的地质情况，因为一年中只有这个季节山上没有积雪覆盖。第一天，我们沿着海边向北走，傍晚到达金特罗的农庄，这个农庄原来属于科克伦勋爵。来到此地，我们想找到含有贝类的大型地层，这些地层现在已经升到海平面以上，被人开采，用来烧石灰。有确切的证据证明这里的海岸线比之前上升不少。数百米高的地方，有很多古老的贝类。在约400米高的地方，也有一些贝类。这些贝类，有的在地表上，有的藏在红黑色的腐殖土里。让人吃惊的是，用显微镜观察这种腐殖土，发现它原来是海洋泥土，里面都是微小的有机体颗粒。

8月15日，我们返回基洛塔山谷。这里的田野广袤，被一条条小溪分割开来，山坡上散落着一座座农舍，犹如诗人笔下的田园牧歌，让人心旷神怡。我们需要翻越奇利卡昆山。这座山的山脚下，有许多常青树林，但只生长在小溪旁。流水之处，郁郁葱葱。只到过瓦尔帕莱索一带、没有去过别处的人，永远也想不出，智利竟然还有如此风景秀美之地。当我们爬到最高峰时，整个山谷尽在脚下。山谷平坦而宽阔，易于灌溉。在整齐的花园里，种满了橘子树和橄榄树，还有各种蔬菜。山谷两边的山脉笔直冲天，衬托出山谷的繁华。曾经有人说，瓦尔帕莱索是"天堂山谷"，我觉得他心里想的是基洛塔。越过山丘后，我向着铃铛山山脚下的圣伊西德罗农庄前进。

从地图上看，智利处于安第斯山脉与太平洋之间的一个狭长地带。这一地带被几条山脉横切成几段，山脉之间互相平行。在安第斯山脉与外围的山岭之间，有一片连绵不断的盆地向南方延伸过去。在盆地中，有一些大城市，如圣费利佩、圣地亚哥、圣费尔南多。这些盆地或者说是平原，与许多横穿其中的山脉一起，与海滨相连。我认为，这就是古代入水口和深海湾的底部，正如现在火地岛和西海岸分布着的水道一样。智利以前的地质肯定跟火地岛的地质相似，特别是在起雾时，大地像罩上了一层白色披风，流入峡谷中，直达美丽的港湾。许多小山丘隐约其中，呈现海中小岛的独特姿态。平坦的盆地与连绵的群山相映成趣，令人倍感新奇。

8月16日，农庄的管家非常友好，给我派了一个导游。清晨，我们换过马后，向着高约1950米的铃铛山前行。此山也叫坎帕纳山，山路难走，但风景优美，地质状况非常好。夜晚，我们来到地势较高的一处温泉，名字叫作阿瓜德尔原驼。它肯定是以前的名字了，因为好多年前原驼来这里喝过水。登山时，我看到山的北坡只长着一些灌木，而南坡居然长着长约4米的竹林。一些地方还长着棕榈树。让我惊讶的是，在约1371米的高处，我见到一棵棕榈树。这里的棕榈树在棕榈家族中也算不上好看的，其茎又粗又大，形状非常奇特，即中间粗、两边细。智利有许多这样的棕榈树，由于可以提取汁液，极富经济价值。在佩托尔卡附近的农庄里，曾经有人试图测查棕榈树的数量，在数了数十万棵之后，最后也没弄清楚到底有几棵。每年8月，许多棕榈树被砍掉。在砍倒树干之后，再砍下树冠的叶子，这样就会流出汁液，会一直流好几个月。只需要每天早上削一削树冠，露出新的部分，汁液就又能继续流淌。一棵好一点儿的棕榈树能产约410升的汁液。所有的汁液好像都是被提前装在干燥的树干里一般，储存在那里。听说，日照强烈时，汁液流得更快。需要注意的是，在砍树时，要让树冠向上倒在山坡上，假如树冠向下，那么一滴汁液也流不出来。这种情况非常特殊，地球重力反而会影响汁液的流淌。汁液煮沸后会浓缩成糖浆，味道非常甜。

8月17日早晨，我们爬上山顶，上面都是巨大的绿色岩石。这种岩石常裂成各种有棱有角的巨大碎块。我注意到一种特别的情况，即许多岩石的表面看上去非常新鲜，像是最近才破裂的，而另一些岩石的表面，要么刚刚长出地衣，要么已经长了很久。我相信这是由于此地频繁的地震造成的，所以每次走到松散的石堆下，我总加快脚步。人们总是容易被这种情况欺骗，我也产生过怀疑，然而直到那次登上范迪门地的惠灵顿山，这种怀疑才找到依据。惠灵顿山所处地区从来没有地震过，但是那里的山峰、岩石与这里十分相似，就连碎裂都一样，但所有的石块像是几千年前就成为现在碎裂的样子了。

8月18日，我们下山时看到几处漂亮的景致，那些地方溪流淙淙，绿树苍郁。我们又一次住进来时住过的农庄。接下去的两天，我们都在骑马沿着山谷向上走，路上经过基洛塔，更加感觉这里像是个园圃，而不像个小镇。果园里桃花绽放，繁花似锦。也有几棵椰枣树，这种树气势十足，可以想象，在其故乡亚洲和非洲的沙漠里，一片椰枣树林该是多么壮观！路上，我们还经过了圣费利佩，这个城市也如基洛塔一般，景致优美。到了这里，山谷突然开阔，变成一片广袤的平原，一直延伸到科迪勒拉山山脚下，形成智利最特别的风景。夜晚，我们到达大山溪谷边的查居尔矿区。在这里，我停留了五天。房主是这个矿区的主管，一个精明但无知的 康沃尔人 。他娶了一个西班牙女人，不想再回英国了，不过说起老家康沃尔郡的矿区，却赞不绝口。

> 康沃尔人：生活在英国康沃尔郡的原住族群。

8月26日，我们离开查居尔矿区，并于第二天到达圣地亚哥。我在城里

住了一周，过得十分愉快。9月6日，我们再度开跋，又在考克内斯温泉住了一段日子，并于13日离开，沿大路回到圣费尔南多。在圣费尔南多，我见到许多矿工，并对他们的生活产生了一些感性认识。在城里住了一段时间后，9月24日，我们再次上路，目的地直指瓦尔帕莱索。我们途中历经磨难，终于在27日抵达。之后，我就生病卧床不起，直到10月底身体才恢复健康。在此期间，我住在科菲尔德先生家里，他对我百般照顾，令我感激不尽。

智利的动物

此处，我要说一说智利的鸟兽情况。首先是十分常见的美洲狮，也被称为南美狮，在地理上分布广泛，从赤道一带的森林，到巴塔哥尼亚的沙漠，再向南到潮湿寒冷的火地岛，都可以看到它们的踪迹。在智利中部高3000多米的科迪勒拉山上，我见过它们的脚印。在拉普拉塔地区，美洲狮主要捕猎野鹿、鸵鸟、栉鼠和其他小型四足动物。在那一带，美洲狮很少攻击牛群和马群，也不太攻击人类。然而在智利，美洲狮咬死了很多幼小的牛和马，也许是因为其他四足动物数量稀少。我甚至听说，美洲狮还弄死了两男一女。据闻，美洲狮杀死猎物是通过跳到猎物肩上，用一只爪子使劲扭住猎物的头部，直到折断颈椎。我在巴塔哥尼亚见过几具原驼的骨架，颈部就是这样被扭断的。

美洲狮饱餐一顿后，会把剩余的动物尸体藏在大型灌木下面，然后躺下来，在一旁守护。猎人经常利用这种习性找到它们，因为安第斯兀鹫在天空盘旋，经常俯冲下来，抢美洲狮的美食，而美洲狮会把它们驱赶到半空中。这样一来，猎人就知道美洲狮在保卫自己的食物，于是就带着其他猎人和猎犬一起追过去。根据海德上校的说法，潘帕斯平原的高乔人只要看到一群安第斯兀鹫在空中盘旋，便会大喊"狮子"。我还从来没见过有这种本领的人。听说，美洲狮守护食物被人发现后，因遭到追逐，所以就不再保持这种习性，而是在饱餐之后立刻离去。捕猎美洲狮不是一件困难的事。在开阔的地方，先用套索绊住狮子，再用套绳一套，然后在地上拖拽，直到它昏过去。在拉普拉塔南部的汤第尔，有人跟我说，3个月内他用这种方法捉到100头美洲狮。在智利，多半是把美洲狮赶到树上，然后开枪打死，或者用猎狗围住它，直到它饿死。追逐美洲狮的猎狗，属于特殊的品种，叫作猎狮犬。这种猎狗非常瘦弱纤细，很像长腿的梗犬，然而其天生就有追逐美洲狮的本领。听说美洲狮非常狡猾，在被追捕时经常沿着之前的足迹往回跑，然后突然躲到一边，等这些猎狗走远后再逃走。美洲狮是一种喜好安静的动物，就算受了再重的伤也不叫唤，只在发情期偶尔叫唤几声。

说到智利的鸟类，最常见的是窜鸟属的两个物种，须隐窜鸟和白喉窜鸟。在智利，须隐窜鸟也被叫作"特尔库"（意为"土耳其"），同田鹬一般大小，并且两者具有一定的亲缘关系。不过，须隐窜鸟的腿较长，尾巴较短，喙也很尖，羽毛是红棕色的。这种鸟非常普遍，栖居在地上，经常藏在荒凉而干燥的灌木丛中。它们尾巴竖起来时，就像踩了高跷。它们总在灌木丛间乱窜，由此可以想象，这种鸟也许认为自己的外形可笑，所以羞于见人。初次见它们，人们可能会忍不住大喊："啊，一只做好的标本从博物馆里逃出来了！"它们不会奔跑，也不会飞翔，只能跳跃。它们藏在灌木丛中，发出各种奇怪而嘹亮的响声。听说，它们能够在地下很深的地方打洞筑巢。我解剖过一些须隐窜鸟。它们的嗉囊都是肌肉，里面有甲虫、植物纤维，还有小石头。从它们的食物、长腿、瘙痒的爪子、鼻孔有覆膜以及翅膀短而拱起这些特征看，在某种程度上，它们好像和鸡形目的鸟类有亲缘关系。

白喉窜鸟和须隐窜鸟外形类似，当地人叫作"塔帕可洛"，意为"遮住后背"。这种鸟的尾巴一竖起来，就会翘到头部，如此不知羞耻，叫这个名字倒也合适。它们经常在树篱下面和荒凉的灌木丛中出没，这些地方没有其他鸟类栖息。从它们觅食的方式、在灌木丛里迅速跳来跳去、喜欢躲起来、不愿意飞行以及筑巢的方式来看，它们和"特尔库"极为相似，不过外观要漂亮一些。这种鸟生性狡猾，受到惊吓后会在灌木丛底下一动不动，过一会儿才悄悄地从另一边溜走。它们活泼好动，不断发出叫声，声音千奇百怪，各不相同，有时像鸽子的咕噜声，有时像水泡的咕咚声，但大部分都是不好形容的声音。乡下人都说，它们在一年中会变换五种叫声，我想它们也许是随着季节的更迭来变换声音。

在智利，最常见的两种蜂鸟是叉尾蜂鸟和大蜂鸟。叉尾蜂鸟出没于约4000千米的西部海岸线上。秘鲁首都利马的干燥平原、火地岛寒冷潮湿的森林，甚至风雪中，都能看到它们的身影。在奇洛埃岛上的密林里，气候潮湿，树叶间充满了露水，它们穿梭其中，数量庞大。我在南美洲的不同地方捉到过不同的蜂鸟，剖开它们的胃部，可以看到昆虫的残骸，像旋木雀的胃部一样。它们夏季时会迁徙到南部，而大蜂鸟会迁徙过来，取而代之。

　　大蜂鸟，在它们体形渺小的家族中，算是体形庞大的了。它们飞行的模样非常奇特，和蜂鸟属的其他物种一样，移动速度非常快，可以与蝇类中的食蚜蝇和飞蛾中的天蛾媲美。不过，它们在花朵上空飞翔时，拍打翅膀的频率却缓慢而有力，这一点与多数快速拍打翅膀、发出嗡嗡声的蜂鸟不同。在我见过的鸟类中，除了昆虫界的蝴蝶，再没有别的鸟像大蜂鸟一样，翅膀的力量与其体重这么不成比例。在花丛中盘旋时，它们身体竖直，尾巴不停地开合，犹如不停开合的扇子。这种动作也许是和翅膀缓慢的拍打一同支撑着自身的重量，并保持其动作的稳定。虽然大蜂鸟常在花丛中出没，但其胃部装满了昆虫的残骸，因此我怀疑，它们在花丛中寻找的不是花蜜而是昆虫。像整个蜂鸟家族一样，大蜂鸟的叫声尖锐刺耳。

Chapter 11

奇洛埃岛
与
乔诺斯群岛

1834年11月10日，我们从瓦尔帕莱索向南部航行，去考察智利南部、奇洛埃岛、乔诺斯群岛以及三山半岛的地质情况。11月21日，"小猎犬"号停靠在奇洛埃岛的圣卡洛斯。

奇洛埃岛概况

奇洛埃岛长约144千米，宽不足48千米。该岛属于丘陵地形，周围没有山脉，岛上覆盖着茂密的森林，零散的屋舍附近绿草成茵。乍一看，有几分像火地岛，但细细一看，这里的丛林壮观，是别处无法比拟的。森林里多常青树，以及各种带有热带特征的树，取代了南部沿海地区的山毛榉。这里冬季气候糟糕，夏季稍微好一些。其降雨量非常大，恐怕全世界的温带地区都难与之抗衡。此外，这里的风很大，天很阴沉，一星期也难得有一个好天气。就连科迪勒拉山，肉眼都很难看到。第一次来这里时，我欣赏奥索尔诺火山的英姿，还是趁太阳升起来之前。奇怪的是，等太阳完全升起来，火山的轮廓反而消失在明亮的天空中，而且此后也没能再看见科迪勒拉山系的任何一座山了。

奇洛埃岛的当地人，肤色黝黑，身材矮小，好像有四分之三的印第安血统。他们谦逊、安静，喜爱劳作。虽然此地因火山岩的降解而土壤肥沃，植被旺盛，但这种气候不适合养活需要充足日照的农作物。这里牧草也不多，无法为大型四足动物提供食物，所以当地人的食物以猪肉、土豆和鱼类为主。他们都穿着自家制作的羊毛衣，用靛青染成深蓝色。毛料结实，工艺却很原始。这点从其他方面也能看出来，如耕作的奇特方式、纺线的方式、研磨玉米的方式、造船的技术等，都很粗糙。这里的森林很密，除了靠近海边和附近小岛外，其他地方均未开发。有的小路因为泥土松软，无法通行。当地人和火地人一样，主要在海边活动，以船只为主要交通工具。他们的食物很丰富，但是家里却很贫穷。这里不需要苦力，所以社会底层的人无法挣钱，购买最简单的生活用品。这里也没有什么流通货币。我曾经见一个人用一袋木炭换了一些小物件，还有一个人用一块厚木板换了一瓶葡萄酒。每个手艺人同时也是商人，买了东西还得卖给别人，此次来换取生存所需的物件。

岛上考察

11月24日，沙利文先生此书出版时他已成为"小猎犬"号的船长派出一条快艇和一条捕鲸船，到奇洛埃岛东部考察，并命令其与"小猎犬"号在岛的最南端汇合。其间，"小猎犬"号正好沿着岛的外围测量一圈，航行到最南端。我也参与了这次考察，但没有跟着小船走，而是雇了马匹，走的陆路，先去岛的最北端的查考村。我沿着海边走，经常要跨过树木丛生的海岬。道路湿软，阳光照不进来，人和马要想从这里通过，只能在地面铺设方形的原木。等我到达查考村时，小船已经到达，搭好帐篷，准备宿营过夜。

11月26日，天高气爽，奥索尔诺火山喷出巨大的浓烟。这是一座壮丽巍峨的圆锥形火山，上空覆盖着皑皑白雪。岛上还有一座马鞍形的火山，巨大的火山口正在喷发少量的蒸汽。然后，我们看到了科尔科瓦杜山高耸的山峰，其也被称为"大罗锅山"，名字非常贴切。我们从同一个观测点，看到了三座巨大的活火山，高度都在2100多米。除了这三座火山之外，还有几座高大的锥形山峰，上面覆盖着白雪。它们虽不以活火山而闻名，但肯定是火山。从此处眺望安第斯山脉，不如在智利看到的那么高大，也没有像在智利一样形成天然的屏障。这座雄伟的山脉，虽然是南北走向的，但因视觉上的错觉，总感觉有些弯曲。这是因为每一座山峰与观察者的眼睛连成一条线时，视线必会以半圆的半径为轴聚拢起来，而且视线内的空气澄明，中间也没有参照物，无法判断远处的山峰到此地的距离，所以它们看起来像是一个拱起的半圆。

中午上了岸，我们看到一家纯正的印第安人。父亲很像约克·明斯特，还有几个小男孩，面色红润，很容易被误认成潘帕斯印第安人。我相信自己看到的现实，不同的美洲印第安人部落，虽然语言不同，但有着密切的血缘关系。这里的人只能讲几句西班牙语，相互交谈时还是用本族的语言。看到印第安人被白人征服后，文明程度有所提高，真是一件让人高兴的事。再向南走，我们看到更多的纯种印第安人。实际上，在一些小岛上，当地人仍保留自己的印第安姓氏。1832年有过一次人口调查，奇洛埃岛及其附属领地共有四万两千人，多数人为混血。其中，一万一千人保留着印第安姓氏，不过这部分印第安人的血统也不一定纯正。他们全部是基督徒，生活方式与其他贫穷的居民一样。据说，他们保留着奇怪的仪式，有些迷信，宣称可以跟洞穴里的魔鬼交流。以前，有这种异端邪说的人都要被送到利马，接受宗教审判。那些没保留印第安姓氏的人，在外观上也和印第安人相像。列穆岛的总督戈麦斯，父母都有西班牙贵族的血统，不过经过几代人的混血，他已经是个纯正的印第安人了。而金查奥岛的总督宣称自己仍保留着纯正的西班牙血统。

11月30日星期天，我们于早上到达卡斯特罗。它以前是智利的城市，现在则是人烟稀少、满目疮痍的地方。依稀可见西班牙城市常见的方方正正的街道形式，然而马路和广场上都长满了杂草，一群羊吃得正欢。广场中央的教堂是木质结构，庄严中带着一丝美丽。这里有几百个居民，穷得可以想象，我们同行的人想要买一袋糖或者一把普通的小刀，居然没有地方可买。这里的人没有手表或者怀表，被教堂雇来敲钟的老人，据说时间观念很强，但也是靠着猜测来敲钟。我们的到来成了这个小镇的大事，所有的居民都过来看我们搭帐篷。他们热情好客，甚至要为我们腾出房间，还有一个人送了我们一桶苹果酒当礼物。下午，我们去拜见了总督。他是一位平和的老人，看其外表和生活方式，很像英国的农民。夜晚，下起了大雨，就算这样，周边的围观者也不肯散去。有一家印第安人，坐着独木舟从开伦岛来此做生意，也在我们附近安顿下来，但是他们没有任何遮蔽物。第二天早上，我们

又见到这家人，其中有一个年轻人淋了雨，浑身湿漉漉的。我问他昨晚过得如何，他看上去很愉快，回复我："非常好，先生。"之后，我们又考察了几个地方，并于12月6日回到"小猎犬"号上。

花岗岩山脉

12月30日，"小猎犬"号停靠在三山岛北部的一个小港湾里，港湾就在山脚下。第二天早上，吃完早饭，我们就去爬一座高约720米的山。这里的景色优美，山峰都是由突兀的大块花岗岩构成的，好像从混沌时期就已经矗立在那里。花岗岩上有一层云母板岩，经年累月的风吹日晒使它们变成如手指般的奇怪凸起物。这两种岩石虽然外观不同，但是上面都没有任何植物。长久以来，我们习惯了看到满眼的绿意，如今看到这副荒凉的样子，心里突然产生一种怪异的感觉。我对这些高山的构造非常有兴趣。这里的山峰巍峨而复杂，历经岁月的沧桑，然而却对人类和其他动物的生存没有任何帮助。在地质学家看来，花岗岩是经典的地表组成，因为它们分布广泛，质地坚实，花纹漂亮，自古以来就得到人们的认可。人们对花岗岩的起源议论颇多。我们知道它构成了岩石的基底，无论它源于何处，都是人类勘探过的地壳的最深一层。人类对任何认知的局限性都兴趣盎然，因为这种局限能够引发想象，加剧人们的探索欲望。

第三天，也就是1835年1月1日，当地人用自己的仪式迎接了新年。这一天，天气阴沉，向人们展示了真实的希望；西北风骤起，带着倾盆大雨，预示着辞旧迎新之意。感谢上帝，我们不用在这里久作停留，希望很快就能向着太平洋出发，那里蓝天白云，天气亦好。

之后的四天，仍刮着西北风，我们好不容易才过了一个大海湾，在另一个安全的港口靠岸。我陪着船长去考察一条水道的源头。路上看到很多海豹，数量惊人。每一块平坦的石头上、部分海滩上，都可以看到海豹的身影。它们彼此亲密地挤在一起，睡觉时像猪一样。但是，它们还不如猪干净，就躺在自己的粪便中，臭气熏天，毫不在意。红头美洲鹫就在一旁盯着，留意海豹群的每一个动静。这种讨人厌的鸟，缩着大红色的头，光秃秃的，没有毛发，追逐着腐肉的气息。在西海岸，经常能看到红头美洲鹫守在海豹旁边。

我们发现，这里的水（也许只是表面）是淡水，因为这里有许多小溪，从巍峨的花岗岩上倾泻下来，最后流入大海。干净的溪水招来了很多鱼，而鱼又引来许多燕鸥、海鸥和两种鸬鹚。我们甚至看见一对漂亮的黑天鹅，几只小一点儿的海獭。这种海獭的皮毛非常值钱。在回程的路上，我们又看到了成群的海豹，从它们身边经过时，它们会赶紧钻进水里，看上去很滑稽。它们在水下待不了一会儿，就会浮上来，伸长脖子跟在我们的船后面，对我们非常好奇。

乔诺斯群岛

1月7日，"小猎犬"号沿着海岸向北去，在乔诺斯群岛北部不远处停靠。这里是洛氏港，我们在此停留了一个星期。洛氏港和奇洛埃岛一样，由松软的海岸沉积层构成，因此植被长势旺盛。树林依山而长，直到海滩，看上去像是两边有着常绿树的砾石路。我们还能欣赏科迪勒拉山系的四座锥形雪山美景，其中包括"大罗锅山"。在这个纬度，科迪勒拉山系并不算高，

很少有山峰能超过附近岛屿的顶部。在这里，我们遇到五个从开伦岛来的人。开伦岛又被称为"基督教的尽头"。这五个人冒着极大的危险，划着独木舟，来此捕鱼。乔诺斯群岛和奇洛埃岛之间有着开阔的海域，我猜想很快就会有人来此地定居，就如同奇洛埃岛海岸附近的岛屿。

泥　煤

在乔诺斯群岛的中部，南纬45°的地方，森林与整个西海岸平行。从这里向南965千米，直到合恩角，环境始终不变。这里没有奇洛埃岛上的树状植物，但有火地岛上的那种山毛榉，不过更加高大，森林里绝大多数都是这种树，然而它们并不像在南部一样排斥异类。这里的天气适合隐花植物的生长，树林里到处都是各种苔藓、地衣、小型蕨类，物种丰富，生长旺盛，令人惊讶。火地岛只有山坡上才长着树木，所有平坦的地面都有一层泥煤；而在奇洛埃岛，平坦的地面生长着茂密的森林。到了乔诺斯群岛，气候上接近火地岛，平坦的地面上却长满两种植物——芳香草和花柱草，它们成群而生，腐烂之后变成一层厚厚的泥煤。

达尔文说　　在这些植物生长的地方，我用捕虫网捉到过很多隐翅虫科和近似于蚁塚虫属的小昆虫，以及一些很小的膜翅类昆虫。不过，在奇洛埃岛和乔诺斯群岛的空旷平原上，萤类是唯一代表物种，因为其具有极多的个体数目和种类。

在火地岛，林地里长着上面两种植物，其中芳香草是形成泥煤的主要原料。芳香草的茎上总有新叶生长，下层的老叶很快败落。如果沿着根部挖开泥煤层，能看到老叶并没有脱落，而是在缓慢地分解，越往下，分解的程度越深，直到叶片完全腐烂。芳香草的周围只有零星的植物生长着，其中有一种小型的攀缘植物香桃木，有着木质的茎，结着甜甜的浆果，很像英国的蔓越莓。另外，还有两种植物，一种是岩高兰属植物，有点儿像英国的石楠，另一种是灯芯草属的植物。在这里，土壤里生长的植物也就这几种。这些植物看上去很像英国的某些物种，但是并不是同一个物种。在平坦的地面，泥煤的上方会有一些小水洼，高低不同，很像人工挖掘的。地底下有小股水流不停流动，帮助完成植物物质的分解，同时又把所有的植物联结到一起。

南美洲的气候特别适合泥煤的积累。在福克兰群岛，几乎所有植物，包括地面生长的杂草，最后都会转变成这种物质。这里没有任何阻碍泥煤产生的东西。有些泥煤层厚约3.6米，底部干燥后会变得异常坚固，不能燃烧。虽然每一种植物都能产生泥煤，但芳香草还是其主要来源。在欧洲，苔藓能够变成泥煤，这很正常，而在南美洲，我从来没见过苔藓变成泥煤，这与欧洲情况截然不同，十分奇怪。泥煤的形成有一个界限，此界限向北，气候温暖，产生泥煤的分解作用不易发生。我认为，地处41°～42°的奇洛埃岛就是此界限，因为岛上有许多潮湿的土壤，但并没有产生泥煤。然而，再向南3纬度的乔诺斯群岛，我们看到许多泥煤。在南纬35°的拉普拉塔河地区，有一个西班牙人曾经告诉我，他去爱尔兰找过这种东西，但是没有找到，后来在拉普拉塔发现了很多。他还带我去看了近处的泥煤层，那是黑色的泥煤土壤，里面还有植物的根，因此氧化作用非常缓慢而不充分。

群岛上的动物

乔诺斯群岛上并无多少动物，常见的仅是两种海洋动物、沼地河狸和一种小海獭。沼地河狸尾巴是圆形的，类似海狸，以其皮毛闻名于世。在拉普拉塔一带，其皮毛价值不菲。这里的沼地河狸喜爱咸水，前面曾经提到过一种大型的啮齿动物水豚，也偶尔出没于咸水中。另外一种小海獭，在这里也有很多。它们的食物除了鱼类，还有一种小红蟹，就像海豹一样。拜诺先生曾在火地岛见过一只小海獭，正在吃乌贼。在洛氏港，有一只小海獭在把一个大型的涡螺拖回自己的洞里，在此过程中被人打死。我曾经在一个地方用捕鼠夹抓到一只老鼠，这种老鼠在乔诺斯群岛很常见，但是洛氏港的人却说从来没见过。不知道是怎样的机遇，或者说怎样的变化，才能让这种小动物在这些岛屿上生存下来。

> **达尔文说** 听说，有些鸟类会将自己捕捉到的猎物带回巢中。如果这一情况属实，那么肯定会出现猎物从巢里逃脱的现象。因此，啮齿动物才会分布在这些彼此不相连的岛上。

在奇洛埃和乔诺斯的所有岛上，都能见到两种奇特的鸟类，它们与智利中部的两种窜鸟有亲缘关系，并取代它们生活在这里。其中一种叫作"丘考"，出没于潮湿森林中最荒凉和阴暗的地方。有的时候，虽然它们的叫声好像尽在眼前，但要去寻找它们的身影，却无论如何也找不到。有的时候，你要是站

着不动，这种胸毛是红色的小鸟就会慢慢靠近，直到离你数米远。它们会在纠结的藤蔓中跳来跳去，尾巴翘得老高。因为它们的叫声奇特而多变，奇洛埃人对其有着迷信的敬畏。它们能发出三种叫声：第一种是"奇度科"，代表着好运气；第二种是"晦气丘"，代表着厄运；还有一种，我忘了怎么叫了。这几个词都是模拟它们的叫声写出来的，当地人遇到任何困难，就会用它们的叫声来指导自己。奇洛埃人把这种小东西当成自己的先知。另外一种鸟与丘考有着亲缘关系，但体形更大，当地人叫"基德基德"，英国人叫"吠鸟"。后面的名字非常贴切，因为任何人第一次听到它的叫声，都会以为有一只小狗在狂叫。这种鸟和丘考一样，有的时候能听到它们的叫声就在耳边，可即便用棍子敲打灌木丛，也找不到它们的影子。而有的时候，它们又突然出现在你眼前，完全不惧人。它们觅食的方式和一般的习性，都和丘考相似。

海岸边常见一种颜色暗淡的克洛雀，非常安静，让人喜爱。它们栖居在海滩上，像矶鹬一样。除了上面所说的鸟类，在这里栖息的鸟还有几种。我大概记了一些奇怪的叫声，在森林深处经常能听到，不过很少会打破整体

的静谧。基德基德的犬吠声，丘考的鸣叫声，像是从远处传来的，也像是从近处听到的；火地岛的那种黑色小鹌鹑也凑热闹，叫了几声；还有旋木雀的尖叫声；偶尔还能看到蜂鸟从一边窜到另一边，发出昆虫一样的嘶鸣声；最后，高耸的树冠上还传来白冠鸫的哀鸣，虽然不太清晰，但隐约能听到。大部分地方都有很多常见鸟类，比如各种雀类几乎在每个地方都能看到，然而上面的这些鸟类在这里第一次看到时，让人非常惊讶。智利中部也有两种鸟，旋木雀和窜鸟，数量极少。发生这种情况，我们不禁会想，这些动物在大自然中的作用微乎其微，那上帝又为何创造它们呢？也许我们会想，在别的地方，它们可能是当地的主要鸟类，或者在之前的某个时期，它们非常重要。如果美洲南纬37°以南都浸在海中，这两种鸟很可能长久地生活在智利中部，只不过数量可能不会增加，因为这种情况是不可避免的。

在南部的海面上，常见几种海燕飞来飞去。其中一种个头最大的是大海燕，西班牙人也叫它"断骨鸟"。在内陆海峡以及外海中，这种鸟都很常见。从习性和飞行姿态上看，它很像信天翁。信天翁可以一连几小时不进食，而断骨鸟非常贪吃。在圣安东尼奥港，几个军官看到一只断骨鸟追逐潜水鸟，那只潜水鸟有时把头扎进水里，有时高高飞行，试图逃避它的追踪，但最后还是被它抓到，头部遭受重击而死。在圣尤里安港，有人看到断骨鸟弄死了小海鸥，并吞进腹中。第二种海燕是灰鹱，在欧洲、合恩角和秘鲁的海岸，都能见到它们。与大海燕相比，这种海燕个头要小得多，不过也长着黑色的羽毛，经常成群出没于内陆的海湾。我从来没见过这么多鸟聚集在一起，成千上万只都向一个方向，无规则地连续飞行好几小时。有些灰鹱在水面上休息，水面马上变成黑压压的一片。它们的叫声像是远处传来的鼎沸的人声。

这里再说另外一种海燕，即贝拉德海燕。这是特别奇特的一种鸟，属于一种明确的科，然而在习性和构造上，却和一个完全不同的物种有亲缘关系。它们从来不离开平静的港湾，受到惊吓时，会潜入水下，然后从另一边冒出来，开始飞行。它们急速拍打翅膀后，会直线飞行一段距离，而后像是突然落水，再次潜入水中。从喙、鼻孔、脚的长度和羽毛的颜色来看，贝拉德海燕无疑是一种海燕，但是它们翅膀短小，因此飞行能力不高。而且，身体和尾巴的形状、脚爪上少了一个后趾、浅水的习惯、栖息地等特征，都让人怀疑它和海雀是否有亲缘关系。从远处看这种鸟，无论它们在飞行还是浅水或在火地岛偏僻的水中游动，都会被人误认为是海雀。

Chapter 12

奇洛埃岛与康赛普

西翁：大地震

　　1835年1月15日，"小猎犬"号从洛氏港出发，三天后回到奇洛埃岛的圣卡洛斯湾。

火山喷发

　　19日夜晚，奥索尔诺火山突然喷发。凌晨，值班的军官看到一团东西，犹如巨大的星星，慢慢变大，到了凌晨3点，那团东西达到极点。从望远镜中可以看到，明亮而巨大的红色光芒中，有许多黑色物质被扬到空中，然后落到地上。在科迪勒拉山的这一侧，有大块熔岩从火山口被喷出来。听人说，科尔科瓦杜火山喷发时，也有很多物体被喷出来，在空中爆炸，变成各种形状，例如树形。这些东西体积巨大，从150千米外的圣卡洛斯另一面的高地上都能看见。第二天清晨，火山才恢复平静。

　　之后听说，智利的阿空加瓜火山前一晚也喷发了，那里距此地770千米，这真是让人惊讶。更神奇的是，相隔6小时后，位于阿空加瓜火山北部4300千米处的科西圭纳火山也喷发了，在其周围1600千米范围内都有强烈的震

感。在此之前，科西圭纳火山已经休眠了26年，而阿空加瓜火山更没有一丝喷发的迹象，这种情况需要引起注意。这究竟是巧合，还是地质运动的结果，我们难以得知。假如意大利的维苏威火山、埃特纳火山和冰岛的海克拉火山（与南美的这三座火山相比，欧洲的这三座火山地理位置更近）突然在同一天晚上喷发，会让人多么惊讶。然而，南美洲同时喷发的三座火山属于同一个山脉。在这里，无论是东部的大平原，还是西海岸3200多千米的贝壳沉积层，都能看出地表上升的力量有多么均匀。

大地震

2月20日，这是 瓦尔迪维亚 历史上最值得纪念的一天，因为这里发生了大地震，连当地最年长的人都没经历过。

瓦尔迪维亚：智利中南部城市。

那时，我正好在海边的树林里休息，突发地震，持续了两分钟，当时感觉很漫长。整个地面都在晃动，我和大部分同伴都觉得震动是从东方传来的，也有人认为震动是来自西南方。这足以说明，要感知地震的方向并不容易。要在地震中站稳并不困难，然而我被晃得头晕目眩，感觉像在晃晃悠悠的船中，更像是在薄冰上滑行，冰面被身体的重量压得弯曲。

3月4日，"小猎犬"号停靠在康赛普西翁港口。趁着船逆风靠岸时，我独自踏上基里吉纳岛的土地。没一会儿，农庄主人骑马赶来，告诉我20日大地震的恐怖情况："康赛普西翁和塔尔卡瓦诺两地的房屋全都倒塌了，70个村子在地震中被损坏，巨浪冲走了塔尔卡瓦诺的所有废墟。"关于这个巨浪，我很快就看到了很多证据：在海岸线上，到处都是木头和家具，看上去很像是若干条失事的船的残骸。有很多的桌子、椅子，还有房顶，都被海浪卷到这里。塔尔卡瓦诺的仓库也遭受了巨大的毁坏，大袋大袋的棉花、马黛茶和其他贵重的商品，都散落在海滩上。我绕着海岸走了一圈，看到许多碎石块，上面附着了许多海洋生物，它们之前还在深海中活动，却因为地震被抛到海滩上。我还看到一块长约1.8米，宽90厘米，高60厘米的巨石。

翌日，我在塔尔卡瓦诺上岸，骑马去了康赛普西翁。这两个小城情况非常糟糕，却也很有趣，是我见过最奇特的景象。对于熟悉这个地方的人，地震后的景象肯定会给他留下深刻的印象。地上各种残垣断壁混在一起，整个地方看上去不像人住的地方，无法让人想象地震之前的样子。地震发生在上午11点半，如果是发生在半夜，那么伤亡人数必然多出许多（该地有数千居民，在地震中死亡的人数不超过百人）。因为白天一地震，人们就跑出家门，好多人的性命被保住。在康赛普西翁，每个房屋都倒成一堆，每排房屋也倒成一片，而在塔尔卡瓦诺，由于被大浪冲刷，所有房屋的砖瓦都被冲走了，偶尔留下一面墙尚在原地。相比之下，康赛普西翁虽然毁坏得不够彻底，可看上去更加恐怖，更像一幅悲凉的画。第一次震动来袭得非常突然。

基里吉纳岛的一个农庄主对我说，当时他和他的马被掀翻在地，才发现地震了。他勉强站起来后，又摔在地上。听他说，有些在陡峭山坡上的牲畜直接掉进了海里，被大浪吞没。在一座小岛上，有70头牛掉进海里淹死了。大家都认为，这次地震是智利历史上最大的一次。然而，由于损失严重的地震之间通常相隔很久才发生，这种说法也无法得到确认。不过，即便有更大、更严重的地震，恐怕也难以超越这次地震了，因为整个城市都毁了。大地震之后又发生了无数次的余震，在12天里，有记录的余震就不下300次。

根据费茨·罗伊船长的记录，地震时他观测到海湾的两次喷发，一次像烟柱，一次像巨鲸喷出的水柱。海面都在沸腾，"天顿时黑下来，空气中散发着刺鼻的硫黄味"。在1822年智利的瓦尔帕莱索地震中，也有这种难闻的味道。我想，这是由于海底淤泥含有很多腐殖质，而地震翻动了淤泥，所

以味道才散发出来。在卡亚俄湾风平浪静的一天，我看到船的锚链拖到海底时，会泛起一串气泡。塔尔卡瓦诺当地人认为，地震是某个印第安老妇人搞的鬼，前两年有人得罪了她，她就堵住了安图科火山口。这种愚蠢的想法很奇怪，表明这些人认为火山口的闭塞与地震有关。从逻辑上来说，火山口的闭塞确实可以引发地震，然而用巫术解释这种因果关系就过于牵强了。根据费茨·罗伊船长的说法，有证据表明安图科火山没有受到影响，因此他们的观点就更奇怪了。

康赛普西翁是依照西班牙风格建造的小城，所有的街道都整整齐齐，其中一组西南偏西走向，另一组西北偏北走向。地震之后，第一组街道比第二组街道损坏小一些。多半的残壁都倒向东北方。这两种情况都表明震源在西南方。地下的轰隆声也来自西南方。西南—东北方向的墙，比西北—东南方向的墙更容易在震动中挺住，后者一瞬间就倒塌了。这是因为震动来自西南方，地震带来的波动会向西北和东南方延伸。我们可以通过一个实验来演示一下：把几本书竖直立在地毯上，按照米歇尔提出的方式来模拟地震，然后就能发现，那些放置方向与波动方向一致的书会更快倒下。地面的裂缝虽然走向不同，但也都是从东南至西北方向，与震源和地面皱褶方向一样。这些情况都说明震源就在西南方。明确了这个事实，下面这件事就更有意思了：位于西南方的圣玛利亚岛，在地震之后，地面整体上升，比以前高了三倍。

从当地的大教堂可以看出，不同走向的墙壁对地震的抵抗能力不同。东北面的墙壁完全倒塌，只有门框和木头还耸立着，好像漂浮在河上的浮木。有一些砖做的结构墙，在广场上翻了几下，犹如从山上滚下来的石头。两侧的墙面（从西南至东北走向）虽损坏得很厉害，不过还矗立在原地，厚重的扶壁（与侧墙垂直，与倒塌的墙平行）却像被斧头砍去一般，齐齐地被抛在地上。教堂墙顶的方形雕饰在地震中被移到了对面。其他地方的地震也有相似的情况发生，如瓦尔帕莱索大地震、卡拉布里亚大地震，另外某些希腊寺庙也有这样的痕迹。这种移位，初看好像是因为其下方发生了震动，然而这种可能性很微小。难道每一块石头都会按照震波的走向移动到某个地方，就好像放在纸上的图钉在晃动时的运动？总而言之，拱形的门和窗比建筑物的其他部分坚固得多，好多都没有倒塌。虽然如此，我还听说，有一个跛脚的老人在一次余震中跑到一个门廊下面，结果被倒塌的拱形门廊砸死。

胡安·费尔南德斯群岛 东北方向

580千米处，在2月20日的大地震中，震感非常强烈，树木都被折断，海岸附近的水下有火山喷发。这些现象值得我们注意，因为在1751年的大地震中，这里遭受了巨大的损害，比康赛普西翁其

> 胡安·费尔南德斯群岛：是南太平洋上的一个火山群岛，由3座岛屿组成。

他地方都严重。这也许表明两地地下有某种关联。奇洛埃岛在康赛普西翁南边约550千米处，中间是瓦尔迪维亚，然而奇洛埃岛的震感远比瓦尔迪维亚的强烈，而且瓦尔迪维亚的比亚里卡火山未受丝毫的影响。相比之下，奇洛埃岛上的两座火山同时喷发了。这两座火山及其附近的几座火山，在之后的好长一段时间里都持续地喷发。10个月后，康赛普西翁再次地震，仍然波及了这些地方。20日地震的那天，几个人正在上面说的火山脚下砍伐树木，虽然整个地区都在震动，但他们没感觉到。也许是火山的喷发减轻了震感，甚至消除了地震的影响。按照当地人的说法，如果安图科火山没有被巫术堵塞的话，康赛普西翁也会如此，火山喷发会减轻震感，甚至消除地震的影响。两

年9个月之后，瓦尔迪维亚和奇洛埃岛又遭遇了更大的地震，乔诺斯群岛的一座小岛地面永久地上升了2.5米多。我们用欧洲对应的地方来说明这个事情，就像说到冰川的时候一样：从北海到地中海之间的地方发生地震，英国的东海岸和一些外岛的地面被永久地抬升；荷兰沿海的火山同时喷发，爱尔兰最北面的海底火山也喷发了；最后，奥弗涅山、康塔尔山和蒙多尔山的古老火山口喷出黑色的烟柱，并且持续喷发。过了9个月，法国中部到英吉利海峡一带都被地震损毁，而地中海的一座小岛被永久地抬高。

20日喷发的火山可以连成两条线，一条长约1160千米，另一条长约640千米，它们相互垂直。因此，地下很可能有个熔岩湖，面积约为黑海的两倍。以上可以看出，陆地的抬升与火山喷发之间存在着某种复杂的联系，因而我们得出结论，有一股缓慢的力量能将陆地抬升，而有另外一股力量能让火山喷发，这两股力量相当。有很多证据表明，在这条海岸线上，地震频发是由于地层的断裂造成的，而这一断裂是由于地层抬升和熔岩注入产生张力导致的。如果这样的断裂和注入反复发生（我们知道，地震会以同种方式出现在同一地区），就会形成新的山峰。狭长的玛利亚岛，就是那个地面升高了3倍的地方，正在经历这一过程。在我看来，一座山脉总有一个中轴，这个中轴与火山相比，则是由熔岩反复注入而成的，而火山则是熔岩反复喷出。此外，雄伟的山峰，如安第斯山覆盖在熔岩上的地层，其边缘有许多彼此相近而平行的抬升线。我认为，按照上面的说法，有中轴的山脉是由反复注入熔岩形成的，那么在两次反复注入的间隔内，上面的楔形部分会冷却下来。如果那些地层是被掀起后落到现在的位置上，或者经过严重的倾斜甚至反转，那么地球早就爆炸了，我们将看不到山脉中轴在巨大压力之下变得更稳固。真要这样的话，熔岩恐怕早就汇成大海，在每个抬升的地方喷薄而出。

Chapter 13

穿越安第斯山

1835年3月7日，在智利的康赛普西翁逗留三日后，我们起程前往瓦尔帕莱索。这一天刮起了北风，傍晚"小猎犬"号才航行到康赛普西翁港的出口。

3月11日，我们停靠在瓦尔帕莱索。两天后，我们再次出发，计划穿越安第斯山。我们先到了圣地亚哥，考尔德克勒先生帮我们准备了必要的行装。在智利的这个地区，穿越安第斯山到门多萨有两条路可选：北边的路行人多，即走阿空加瓜或者乌斯帕亚塔山口；南边的路距离最近，即走波蒂略方向，但是路途充满艰难险阻。

3月18日，我们出发，走波蒂略山口的路。穿过了城市周围烧焦的平原，中午到达迈波河，这是智利境内的主要河流之一。在这里，河谷进入安第斯山脉的第一条山麓，两岸尽是寸草不生的荒山。这条河谷不算宽阔，但沿岸土壤肥沃，有许多农舍和果园，种着葡萄、苹果、油桃和普通的桃，硕果累累，几乎要把树枝压断了。到了傍晚，我们通过海关，行李被检查一番。比起大海，安第斯山脉这个天然的屏障，能更好地守卫智利的国境。这里只有少数山谷可以通至中央山脉，其他山路即便是拉着货物的牲畜也不能通行。

安第斯山地貌

3月19日，骑行一天后，我们来到山谷中的最后一处农舍，这也是位置最高的一户。这里居民日渐稀少，不过土壤非常肥沃，只要有水浇灌，就能有好收成。在安第斯山脉的所有山谷中，两边都有一道自然的分层，由沙砾构成，非常厚实。这些沙砾在山谷两边延伸，最后连在一起。智利北部的山谷底下没有河流，都是这种沙砾。山谷中的路都建在这些分层上，因为它们表面平整，向上的坡度较缓，灌溉起来也非常方便。这些分层共有2100米～2700米高，之后就被乱石覆盖，没了踪影。在山谷低一点儿的地方或者谷口，分层伸展到安第斯山脚下的内陆平原（由砾石构成）。这是智利的典型地貌，是很久之前海洋侵蚀智利时形成的，如今在靠南的海岸也能看到这种侵蚀的痕迹。我对南美洲地质学上的沙砾分层很感兴趣。从构造上来说，它们与山谷急流挟带的物质相同，如果急流要进入一个湖泊或者海峡，一般来说在受到阻碍后，挟带的物质会沉淀下来。然而，在这里，它们不仅没有沉淀下来，反而在所有山谷中不断地冲刷岩石和这些沉积层，带走里面的物质。我也无法解释其形成的原因，不过我相信沙砾分层是在安第斯山脉逐渐上升的过程中，由急流冲刷沉积而成的。这些急流挟带着沙砾先运到了山谷的高处，随着山谷地势的升高，沉积的位置相对变低。如果真是这样的话，雄伟而绵延千里的安第斯山脉不会像地质学界前不久普遍认为的那样，是突然抬升的，而是缓慢抬升的，与大西洋和太平洋沿岸近期的抬升情况一样。关于安第斯山脉的构造，有许多事实可以从这个观点得以解释。

3月20日，我们沿着山谷往上走，植被越来越少，只能看到一些高山特有的漂亮植物，鸟类和兽类完全不见踪影。山顶到处都覆盖着积雪，山谷中填满了厚实的冲积层。与其他山脉相比，安第斯山脉有五个令人震撼的特点：

第一，山谷两侧的沙砾分层，有时会伸展到山谷中的狭长平原上；

第二，斑岩构成的山势陡峭，或呈红色，或呈紫色，明亮耀眼，其上没有植物生长；

第三，巨大而连绵不断的火成岩如墙壁一般；

第四，脉络清晰的岩层构成了几近垂直的锥形山峰，然而在坡度较缓的地方却构成了外围的高大山脉；

第五，色彩鲜明的石块堆成了细而高的锥形山体，有时竟高达600多米。

雪球藻

山顶上覆盖着积雪，从中我发现了雪球藻，这种物质也被称为"红雪"，去过北极的探险家说过很多次。我开始注意到它，是因为骡子的脚印被染成了红色，看上去像是受伤流血了。一开始，我以为这是由于周围山上的红色斑岩碎屑被风吹到地上，当我用放大镜观察这种物质时，发现这种一簇簇的东西看上去像粗糙的颗粒。在雪迅速融化的地方，或者在被碾压的地面，雪地才会被染成红色。我取了一小块雪，在纸上摩擦一下，纸上便出现浅浅的玫瑰红色，还有一丝砖红色。后来我弄下一点儿雪查看，发现雪球藻是由透明囊里的小球体构成，每一个直径仅有0.025毫米。

翻过乌克内斯山，我们向下来到两座大山之间的山地，准备在此过夜。这里海拔在3300米之上，很少有植物生长。有一种低矮的植物，根部可以做柴火，不过燃烧起来火焰非常小，无法抵挡寒风的侵袭。走了一天，我筋疲力尽，铺好床之后就睡着了。半夜，我发现天阴沉起来，赶紧叫醒了赶骡子的人，问他会不会变天。他说只要没有雷电，就不会有暴风雪。在这样的地方，若是赶上了极端天气，就会有很大的危险，逃生十分困难。路上只有一个山洞可以充当庇护所。考尔德克勒夫先生曾在与我们同月同日爬山时遇上暴雪，在山洞里被迫待了很多天。乌斯帕亚塔地区有一些建好的庇护所，不过这个地区完全没有庇护所。因为入秋后很少有人走波蒂略这条线。我发现安第斯山里几乎不下雨，夏天时万里无云，冬天时暴风雪肆虐。

波蒂略山

3月22日，在吃了一顿没有马铃薯的早餐后，我们开始穿越中间地带，来到波蒂略山脚下。盛夏时节，牛群会在这里吃草，现在全都撤走了。数量庞大的原驼也早已换了地方，因为它们知道要是碰上暴风雪就会被困住。这里能清晰地看到图蓬加托山的壮丽雪景，整座山都覆盖着积雪，其间有一抹蓝色，那是在这一地区非常罕见的冰山。我们开始了漫长而艰难的登山，就跟攀爬佩乌克内斯山一样。路边都是突出的红色花岗岩锥体，山谷里有好几条宽阔的永久积雪区。有的路上结了冰柱聚集在一起，让拉着货的骡子很难通行。有一匹马被冻在了一个冰柱上，看上去像是倒立在基座上，两条后腿在空中翘着。我想，那匹马一定是头朝下摔了一跤，落到了冰窟里，后来部分的冰融化了，才变成现在的样子。

快要爬到山顶时，一团针状冰晶形成的雾将我们逐渐包围。这真让人沮丧，雾持续了一天，我们什么也看不清。这条路从山峰最高处的一道罅隙间穿过，"波蒂略"意为"过道"，由此而得名。晴朗的日子里，可以望见辽阔的平原绵延至大西洋。向下走到植被生长的界限时，我们找了一处有巨石遮蔽的地方，适合扎营过夜。在这里，有几个旅人向我们打听路况。夜幕降临后，雾突然散开，景致随之一变，仿佛魔法。明月把山间照亮，在周围高山的映衬下，感觉像在谷底一般。有一天清晨，我见过同样的美景。雾散开后，温度必然下降，幸好没有风，我们睡得非常舒服。

东侧山谷

　　3月23日，安第斯山东侧的下山路比另一侧要陡峭很多，不过路途也短了一些。就是说，安第斯山从平原上拔地而起，智利那边的山势平缓很多。在我们脚下，有一片白色的云海，遮住了广袤的潘帕斯大草原。很快我们就走进云海，走了一天也没能出来。中午，我们到达一个叫"洛斯阿雷纳勒斯"的地方，给牲畜补充牧草，还找到一些可以当柴火用的灌木，于是停顿下来，准备在此地过夜。这里的海拔有2100米～2500米，接近灌木生长的最高界限。

　　令人惊讶的是，东侧山谷中的植物与智利那边完全不同，不过两地的气候和土壤十分相近，经度差别也很小。两地的四足动物不太相同，但是鸟类和昆虫的差别却很小。以老鼠为例，在大西洋沿岸我捉到过三种老鼠，在太平洋沿岸捉到过五种，其中没有一种相同。比较两地的动物时，我们应排除在高山上经常看到或偶尔看到的物种，还要排除一些飞行范围广泛的鸟类，它们经常能飞到麦哲伦海峡。这个事实符合安第斯山脉的地质情况，因为从有动物生存以来，安第斯山脉一直就是巨大的天然屏障，所以两个地区的物种不应相同，除非我们假设同一物种能生活在不同的地方。当然，无论屏障是高山还是大海，我们还得排除能够越过屏障的物种。

　　在这一带，有很多植物和动物与巴塔哥尼亚的物种完全一样，或者极为接近。这里也有刺豚鼠、绒鼠、三种犰狳、美洲鸵鸟、好几种鹧鸪以及其他鸟

达尔文说　　赖尔先生提出的动物地理分布受地质变化影响定律，就是说明这种情况的。当然，他的这一结论建立在物种恒定不变的基础上，否则这两个地区的情况只能被看作由于地理环境的不同而使物种逐渐产生了不同的差异。

类。这些动物在智利看不到，却在巴塔哥尼亚的荒原上经常看到。同样，这里也有不少相同的（在普通人而非植物学家看来）多刺、低矮的灌木丛。就连缓慢蠕动的黑色甲虫都与巴塔哥尼亚类似。我想，如果仔细比较两个地区的物种，还能发现不少相同之处。之前，我曾沿着圣克鲁斯河向上走，已经到了安第斯山脚下，却由于某种原因未能登山，遗憾至今。我一直很想考察那里地貌的巨大变化，不过我现在确定，只有从巴塔哥尼亚平原向上走，翻过山地，爬上山峰，才能得偿所愿。

3月24日早晨，我们从山谷一侧开始攀登，并看到了远处辽阔的潘帕斯草原。我很期待能看到这样壮观的景象，不过事实却让人失望。初见时，草原犹如远观的大海，渺渺茫茫，但仔细一看，北部有些地方能看出不同地形的轮廓。最让人心旷神怡的是一条河流，在太阳的照射下波光粼粼，仿佛一条银带，闪烁着光芒，绵延至远方。中午，我们向下走到山谷里，那里有一个小屋，里面驻扎着一位军官和三位士兵，检查过路人的护照。其中有一个士兵是纯正的潘帕斯印第安人，他的职责是检查任何想要步行和骑行的偷渡者，和猎犬作用相当。听说在几年前，有个人想偷渡过去，在山里绕了好大一圈，然而这个印第安人只是偶然发现他留下的脚印，就追了一整天，最后在小山沟里找到了那个人。到这里之后，我听说自己赞叹过白云的山顶地带，后来下了一场暴雨。从这个小屋开始，后面的路逐渐变得开阔起来，周围的小山与背后的崇山峻岭相比，像是被水流冲刷出的小土堆。再往下走，我们来到一片略微倾斜的原野，上面生长着低矮的树和灌木丛。此处虽然看起来不大，却也有将近16千米的土地，之后就进入广袤的潘帕斯草原。这里只有一处农庄，名字叫作查夸奥。太阳落山前，我们找到一处舒服的地方，在此扎营过夜。

蝗虫与吸血虫

3月25日，旭日被如海平面一样的地平线分成两半，这让我想起了布宜诺斯艾利斯的潘帕斯大草原。当晚降了许多露水，这是安第斯山脉中从来没有出现过的情景。道路向正东方向伸展，穿过一片低洼的沼泽地，来到干燥的平原，之后向北到门多萨。这段路程花了我们两天的时间。第一天到达埃斯塔卡多，行程84千米；第二天到达卢汉，行程102千米，这里离门多萨很近。整个旅途要穿过平整的荒原，沿途只有两三户人家。日照强烈，路上没有任何让人觉得有趣的事。这片荒原没有淡水，我们只在第二天找到了一处小水塘。来自山中的溪流很快就被干燥的土壤吸收。所以，尽管我们距离安第斯山脉的外围不过24千米，却找不到一处水流。在许多地方的地面，有一层盐和矿物质的硬壳，上面有一些喜欢盐的植物。这些植物在布兰卡港也能见到。同样的景象，在巴塔哥尼亚东部的沿海地区，以及从麦哲伦海峡到科罗拉多河之间的地区，都可以看到。同样的地貌，从科罗拉多河到内陆，远至圣路易斯地区，以及更北部的地区，都是如此。这条弯曲的地带上，横亘着布宜诺斯艾利斯平原。门多萨和巴塔哥尼亚的荒原是由砾石组成的，海水把砾石冲成了圆形，沉积在这里。而潘帕斯草原则是由拉普拉塔河古河口的淤泥沉积而成，上面生长着大蓟和苜蓿等野草。

在经过了两天的长途跋涉后，突然看到成排的杨树和柳树围绕在卢汉河边以及村舍附近，让人精神为之一振。快要到这里时，我们看到南边的天上有一团暗红色的云彩。一开始我们还以为是平原着火发出的浓烟，然而很快就发现那是一大群蝗虫正在向北飞行。在微风的帮助下，蝗虫群以每小时20千米左右的速度追上我们。蝗虫群在距离地面几米到几千米的上空飞行。以前有人说蝗虫"翅膀的振动声，像千军万马冲向战场"，不过我认为这种声音更像是"狂风吹过船帆"。从前面看过去，天空仿佛是一幅雕花铜板的画，蝗虫群黑压压一片，完全不透光。不过，它们并不是那么密集，用手杖向天空挥舞，它们还有空间可以躲开。当它们落到地上时，比地上的草还多，地面马上从绿色变成了红色。等它们再次飞起来时，就向各个方向乱飞。这里经常能见到蝗虫，这个季节已经有好几拨蝗虫从南方飞过来。这里的蝗虫都是在荒漠中繁衍生息，就像世界其他地方的蝗虫一样。可怜的村民们点起火把，高声叫喊，手里挥舞着树枝，想把蝗虫赶走，但都没有成功。这群蝗虫和东方的飞蝗很像，也许是同一物种。

我们渡过了卢汉河。这是一条大河，不过不知道它入海的地方，也不知道它是否流入海中。当晚我们在卢汉村过夜。这个村子很小，周围都是果园，是门多萨最靠南的田地，在其向南的30千米处。晚上，我被一种虫子攻击（名副其实）。这种虫子是猎蝽属的昆虫，属于一种生活在潘帕斯草原上的大型黑色昆虫。它们长约2.5厘米，没有翅膀，爬到人身上，给人带来恶心的感觉。它们身体扁平，但吸血后肚子就会鼓起来，很容易压破。我在伊基克抓到过一只（智利和秘鲁都有）干瘪的虫子，把它放在桌子上，虽然周围挤满了人，但只要伸出一根手指头，它就会凑上前去，用嘴巴突出的部分吸起血来，手指上的伤口也不疼。观看它吸血的样子颇有意思，不到10分钟，它的身体就从扁平的饼状变成了球体。船上的一个军官好心地为它提供了手指头，在之后的4个月里，它都保持着圆滚滚的样子，不过它吸完血的两周后就又准备吸血了。

门多萨

3月27日，我们继续骑行，前往门多萨。沿途都是经过开垦的农田，像智利一样。这个地区盛产水果，其中葡萄、无花果、桃和橄榄长得最好。我们买了几个西瓜，大如人的脑袋，吃起来清凉可口。而且，这里的物价很低，半个便士就能买一个西瓜，三个便士就能买半车桃。不过，这个地方经过开垦的农田不多，在卢汉和门多萨之间的地区也一样。与智利差不多的是，这里的土壤也主要依靠人工灌溉。能把荒原变成肥沃的土地，这多么值得赞赏！

次日，我们在门多萨待了一整天。这里原来是繁华的地方，不过近些年已衰落。当地人说门多萨"适合居住，但不适合发财"。当地人懒惰而粗鲁，很像潘帕斯的高乔人，就连服饰、骑具和生活习惯都很相像。我觉得，这个城市有一种凄惨忧郁的气质。无论是让当地人自豪的林荫路，还是其他景象，都比不上圣地亚哥。只有来自布宜诺斯艾利斯的人，因为刚刚穿越了景色单一的潘帕斯草原，看到这里的花园和果园，才觉得景致动人。海德上校提及当地人的性格时是这样说的："他们吃完饭，天儿还很热，于是又睡大觉去了。"对此，我深以为然。门多萨人真幸福，除了吃饭就是睡觉，此外再无事可做。

乌斯帕亚塔山

3月29日，我们动身返回智利，取道乌斯帕亚塔山口。这个山口在门多萨的北部，首先要穿越90千米的漫长荒漠。这里有的地方寸草不生，有的地方生长着很多矮小的仙人掌，上面都是尖刺，被当地人称为"小狮子"，另外还有些低矮的灌木。这里海拔约900米，阳光炙热，再加上荒漠上的扬尘，让人倍感不适。这一天的路线几乎与安第斯山脉平行，不过后来离山越来越近。傍晚时，我们进入宽阔的峡谷，也可以称之为海湾。这里向下走是平原，向上走是峡谷，不远处有一座维森西奥庄园。一整天都在骑行，人和骡子滴水未进，十分口渴，所以沿途都在寻找小溪。溪流露面的方式非常奇特：在平地上，地面干燥；向上游走，慢慢湿润起来；然后就出现几个小水洼，很快水洼连成一片；等到了维森西奥庄园，就成了一条淙淙流水的小溪。

第二天，我们走到一个孤零零的小房子跟前，它就是大名鼎鼎的维森西奥庄园，每个翻越安第斯山的人都知道它。随后的两天，我住在附近的矿区。这一带的地质情况非常特别。乌斯帕亚塔山与安第斯山被一片狭长的平原隔开。它对于安第斯山脉来说，与雄伟的波蒂略山同样重要，不过两者起源不同。乌斯帕亚塔山是由海底熔岩构成的，与火山形成的砂岩和其他厚实的沉积层交替出现，从整体来看，像是太平洋沿岸的第三纪地层。我希望能找到这些地层的典型特征—— 硅化木 。

> 硅化木：指树木经过长久的硅化作用而形成的树木化石。

最后，我不但找到了，还收获了惊喜。

在此山的中部，海拔约2100米的裸露山坡上，我发现了一些凸起的雪白柱体，这就是树木化石。其中有11棵树已经硅化了，有三四十棵树变成了结晶的粗糙白色方解石。这些树被整齐地折断，树干高出地面两三米，周长在0.9米~1.5米。树与树之间有间距，但是构成了一个整体。罗伯特·布朗先生帮我检测了这些树，他认为这些树属于冷杉家族，具有南洋杉科的特征，同时也有紫杉的某些特性。这些树埋在火山砂岩中，扎根于这些岩层的底部。砂岩绕着树干，层层累积，岩石上仍有树皮的痕迹。

4月1日，我们翻过乌斯帕亚塔山，夜宿一处关卡，这是整个高原上唯一能够住人的地方。离开大山后，我们很快见到了稀罕的景象：红色、紫色、绿色和全白的沉积岩，与黑色的火山岩掺杂在一起，深棕色和深紫色的斑岩分布其间，形成了错综复杂的岩石色块。我从来没见过这样绮丽的景色，其很像地质学家说的地球内部的截面图。

第二天，我们穿过草原，沿着流经卢汉的那条溪流走。这里比下游的水流更大、更湍急，很难横渡过去。这和维森西奥的那条溪流一样，都是越到高处越宽。晚上，我们抵达巴卡斯河，这是安第斯山中普遍认为最凶险的一条河。它的河道短、水速急，河水源于积雪，所以一天里水量差别巨大。晚上，河水混浊，水量很大；早上，河水变得清澈，水速也缓慢下来。于是，我们早上过河，不费什么力气就过去了。

坎布雷山

4月5日，我们一整天都在翻山越岭，来到奥霍德尔阿瓜，附近就是智利一侧位置最低的瞭望塔。这些瞭望塔是圆形的小尖塔，外面有楼梯直通塔底。塔底比地面高出许多，为了防止积雪堵住门口。这里一共有8座瞭望塔。在西班牙人统治的时候，每到冬天，里面总存满了食物和木炭，每个送信的人都有一把通用的钥匙可以打开塔门。而今，这些瞭望塔只能当地窖用了，也为路过的人遮蔽风雨。它们在一些山丘上，与周围的荒凉景象很是相称。

坎布雷山是一道分水岭，上山的路崎岖而曲折，根据彭特兰先生的测量，这座山高约3796米。虽然路上没有任何永久性积雪，但两边都能看到有积雪的地方。山顶有风，非常寒冷，不过我还是停留了片刻，欣赏天空中梦幻的色彩和清洁透明的空气。风景蔚为壮观，向西望去是绵延不断的群山，峡谷纵横其中。这个季节，早就下过雪，往年的安第斯山也在此时大雪封山。然而，我们运气很好，日夜晴朗无云，只有山顶上飘浮着圆形的蒸汽团。当远处的大山从地平线上消失时，从空中看到这些蒸汽团，可以据此判定安第斯山的位置。

4月6日清晨，有小偷偷走了一头骡子，还取走了带头母骡的铃铛。我们沿着山谷走了三四千米，第二天又逗留此地，希望能够找回那头骡子。赶骡子的人认为，它就藏在某个山谷中。这里的景色已具有智利的特征：山峰下面到处都是常绿的皂皮树，以及外形像树形烛台的巨型仙人掌，与东面光秃秃的山谷相比，这里景色宜人。然而，我还是不赞同某些旅行者的溢美之词。我想，要是能离开寒冷的山脉，围着热腾腾的篝火，再来一顿饕餮大餐，便是极大的幸福。

4月8日傍晚，我们到达维拉圣罗莎附近。平原物产丰富，令人高兴。此时正逢晚秋时节，各种果树落英缤纷，村子里一片秋收的繁忙，有的人在屋顶上晒无花果和桃，有的人在葡萄园里摘葡萄。然而，我越发怀念英国的秋天。4月10日，我们抵达圣地亚哥，考尔德克勒先生热情地招待了我。此次旅行耗费24天，是我短途旅行中最满意的一次。几天后，我返回瓦尔帕莱索，住在科菲尔德先生家里。之后，我们又在南美洲秘鲁等地进行了一段时间的考察，但由于当地时局动荡，也没有什么太多的新发现。"小猎犬"号于9月初起航，开往加拉帕戈斯群岛。

Chapter 14

加拉帕戈斯群岛

1835年9月15日，我们抵达加拉帕戈斯群岛。该群岛由10座主岛组成，其中5座岛屿的面积较大。这些岛屿都位于赤道，离南美洲西海岸800千米～1000千米，全部由火山岩构成。但岛上也有几块花岗岩，散发出一种特殊的光泽，而且都因受热而变形。有些大岛顶部的火山口，海拔高达900米～1200米，侧面布满了无数的小孔。我可以毫不犹豫地说，这个群岛上至少有2000个火山口。火山口是由熔岩和熔岩渣组成的，也有的是由肌理分明的凝灰岩组成。凝灰岩火山口形状对称，是由不含熔岩的火山泥喷发形成的。我检查了28个凝灰岩火山口，每一个的南侧都低于其他侧或者完全崩塌。很明显，所有的火山口都是在海底形成的，信风带来的风浪和太平洋宽阔的海面相互作用，拍打着所有岛屿的南岸。而这些火山口都是由松软的凝灰岩构成，经不起打磨，所以全都受损严重。

加拉帕戈斯群岛虽接近赤道，但这里的气候却不炙热。这主要是由于周围的海水是由南极洋流带来的，水温极低。除了极短的雨季外，这里雨水稀少。即便在雨季，降雨也没有任何规律可言。云层压得很低，各个岛屿的低处寸草不生，而在300米以上的高处气候湿润，植被密集，特别是迎风的一面，因为这里先接收了大气中的水分。

查塔姆岛

17日清晨，我们在查塔姆岛登陆。这座小岛和其他岛一样轮廓呈圆形，山势起伏，到处都是火山口喷发的残留物质，初看过去，给人一种不舒服的感觉。这里地表由黑色玄武岩熔岩构成，巨大的裂缝纵横交错。周围是贫瘠的低矮灌木丛，在烈日的照晒下毫无生气。正午，太阳直射，干燥的地面热气滚滚，犹如烤炉，感觉灌木丛也散发着难闻的味道。我想尽可能多地采集植物标本，然而只找到几种。如此可怜的野草数量，与其说是赤道植被，还不如说是极地植被。从远处看，灌木丛很像冬天光秃秃的树木。过了很久，我才发现，几乎所有的灌木上都长满了叶子，很多还开了花。最常见的灌木是一种大戟科灌木，唯一能遮蔽阳光的树木是金合欢属的矮树，以及一种外形怪异的大型仙人掌。听说，雨季过后，岛上部分地方会变绿。这里的植被还出现在条件接近的费尔南多·迪诺罗尼亚火山岛上，其他地方都没有。

查尔斯岛

　　23日，"小猎犬"号继续航行，前往查尔斯岛。很久以前，这座岛上就有人居住，先是被海盗占领，然后是捕鲸人。6年前，这里才建立定居点。有二三百人在此定居，全都是有色人种，多为厄瓜多尔流放至此的政治犯，基多是此处的首府。定居点在内陆，离海边7千米，海拔约300米。

　　我们在岛上走的第一段路，经过了一些不长叶子的树林，和查塔姆岛一样。越往里走，树木越绿。翻过岛上的山脊，吹来一阵南风，顿时觉得无比凉爽。放眼望去，这里郁郁葱葱，让人眼前一亮。在岛上地势较高的地方，有很多粗硬的野草和蕨类，但没有树蕨，也没发现棕榈科植物。这个情况非常奇怪，因为此地向北560千米有一座椰子岛，因岛上有很多椰子树而得名。这里的房舍零散地分布在平整的地面上，周围种着红薯和香蕉。因为在秘鲁和智利北部看多了干燥的平原，现在一看到肥沃的黑土，我们压抑不住喜悦之情。当地人虽然很穷，但维持生存不需要花费力气。树林中有许多野猪野

太

平

洋

卡尔培柏岛

文曼岛

60英里

艾宾东岛

安德娄岛

泰埃尔岛

詹姆斯岛

纳伯勒岛

詹尔维斯岛

因迪法蒂格布尔岛

东堪岛

查塔姆岛

阿尔比马尔岛

巴林顿岛

查尔斯岛

胡德岛

羊，但人们的主要肉食还是来自于陆地龟。不断的捕食造成岛上陆地龟数量急剧减少，然而人们只要打两天猎，一个星期的食物就有了。据说，之前有一艘船带走了700只龟。几年前的一艘船一天里就捕猎了200多只龟。

詹姆斯岛

斯图亚特王朝：于1371年到1714年统治苏格兰，并于1603年到1714年同时统治英格兰和爱尔兰的王朝。

10月8日，"小猎犬"号来到詹姆斯岛。和查尔斯岛一样，这里也以 斯图亚特王朝 历代国王的名字命名。拜诺先生和我带着几名仆人，还有一个星期的食物和帐篷，登上小岛，而"小猎犬"号则离开去寻找水源。

在这里，我们遇上一伙西班牙人，从查尔斯岛来此晒鱼干、腌龟肉。他们在距海岸10千米、海拔600米的地方搭建茅屋。两个人住在里面，被人雇来捉陆地龟，其他人都在海边捕鱼。我拜访这些人两次，并在小屋里住了一晚。

这座岛的低处也生长着没有叶子的灌木，不过这里的树木高大，有几棵直径达到60厘米，甚至有的直径达1米。岛的上空笼罩着云雾，空气湿润，草木旺盛。地面异常潮湿，长了许多粗糙的莎草，很多小秧鸡在此繁衍生息。在高处停留期间，我们完全以龟肉为食。把龟的胸甲带肉一起烤熟，就像高乔人烤带皮的肉一样，滋味美妙。小龟用来熬汤，非常鲜美。还有其他做法，但是我不太喜欢。

一日，我们跟着这些西班牙人坐捕鲸船去一个盐湖。上岸后，经过一片满是熔岩的不平地面，熔岩的中间有一个凝灰岩火山口，那底下便是盐湖。湖水只有8厘米~10厘米深，水下全是白色结晶。湖面很圆，周围生长着绿色的多汁植物。火山壁上覆满了树木，景色如画，但也非常怪异。几年前，一艘捕海豹的船来到这里，船员杀了船长，现在仍可以看到草丛中船长的骸骨。

在这里停留的一个星期里，多数时间都万里无云，不过如果一小时内不刮信风，就会变得无比炎热。有两天，帐篷里的温度达到34℃，不过外面风吹日晒的地方，温度才29℃。这里的沙子也很热，把温度计放进去，立刻上升到58℃。这个温度是温度计的上限，所以也许实际温度还要再高些，我们不得而知。黑色的沙子更热，即使穿着厚厚的靴子在上面行走，也会感到烫得不行。

群岛上的物种分布

这些岛屿的物种分布奇特，值得我们关注。多数物种是本土物种，在别的地方没有。每座岛屿上的物种又有所不同，虽然和南美洲隔着800千米~950千米宽的海洋，但两地的物种却有亲缘关系。由此可见，此群岛既自成小天地，又是依附于美洲大陆的卫星。岛上部分物种具有美洲大陆物种的特征，可以看成来自那里。然而，这些岛屿面积很小，活动范围也有限，但是本土的物种很多，令人惊讶。每座山峰都有火山口，而多数熔岩流过的边缘非常清晰，使我们不禁相信，在最近的地质时期，这里还是一整片海洋。所以，无论在时间上，还是空间上，我们都要面对这一问题——地球上的新物种从何而来。

陆生哺乳动物

这里的陆生哺乳动物只有一种，那就是加拉帕戈斯鼠。我认为这种鼠只生活在查塔姆岛上。 沃特豪斯先生 跟我说，这种老鼠是美洲特有鼠科中的一支。在詹姆斯岛，有一种老鼠和沃特豪斯先生命名并描述过的物种截然不同。

乔治·罗伯特·沃特豪斯（1810~1888），英国博物学家、地质学鼻祖、伦敦动物学会博物馆馆长。

由于其属于旧陆地鼠科的一支，而且这座岛自过去的150多年来访客不断，我怀疑它来自美洲大陆，然后受全新而特别的气候、食物和土壤的影响，变成现在的样子。不过，此种推断并没有明确的事实根据，所以不能随便乱猜。然而，查塔姆岛上的鼠类可能是从美洲大陆来的，因为在潘帕斯草原最偏僻的一个角落，我曾经见过一种英国的鼠类栖息在新建茅屋的顶上。所以，这种鼠被船运到这里来也不是不可能。里查德森博士在北美洲也观察到类似情况。

鸟　类

在群岛中，我收集了26种陆地鸟类标本，都是本土物种，在其他地方看不到。这其中有一种类似云雀的鸟来自北美洲，出没于北纬54°以南，栖息在沼地里。其他25种鸟类中有一种鹰，身体构造介于红头美洲鹫和长腿兀鹰之间，而且在习性上与后者十分相像。有两种猫头鹰，类似于欧洲的短耳鸮和白色仓鸮。一种鹟鹩、3种霸鹟（两种属于朱红霸鹟属，鸟类学家可能会把其中一种或者两种列为变种）、一种鸽子，这些与美洲的物种相似，却不相同。有一种燕子，与美洲紫燕不同的地方，仅在于颜色更为暗淡，身形更加纤弱，不过古尔德先生认为两者不是一个物种。有3种效舌鸫，外观很像美洲物种。剩下的鸟类为十分特别的雀类，从其身体的构造、喙的构造、短短的尾巴、外观和羽毛来看，十分相似。这些雀类属于13个物种，古尔德先生把它们分成4个亚群。这其中除了卡托尼斯亚群的一个物种来自鲍艾兰岛外，其他均是

达尔文说　经过进一步考察，我发现那些被我认为只生存在这些岛屿上的鸟，有几种已被证实也存在于美洲大陆区域。著名鸟类学家斯克莱特先生说，仓鸮和霸鹟就不止在这些岛屿上生活，而短耳鸮和加拉帕戈斯哀鸽也许也是如此。因此，这些岛屿上的本土鸟类就减少到23种或者21种。斯克莱特先生认为，这些鸟类中的一种或两种是变种，而不是物种，我也持同样的看法。

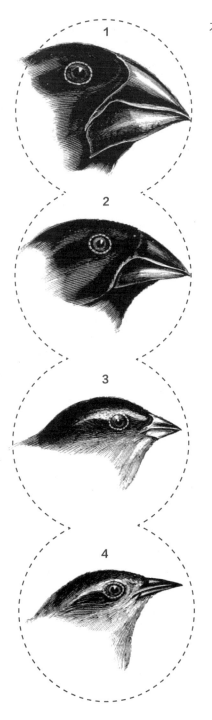

本地物种。卡托尼斯亚群的两个物种，喜爱在巨大的仙人掌花朵上飞来飞去，不过它们跟其他物种混居，在低处的荒地上觅食。大部分的雄鸟全身乌黑，雌鸟多数都是棕色的，只有一两种例外。最奇怪的是，这些不同物种，它们喙的大小呈递进的角度变化，从大嘴的锡嘴雀，到小嘴的燕雀，各种尺寸都有。如果古尔德先生把莺雀亚群列入大群的话，还有和莺雀一样小的喙。在地雀属中，喙最大的请见左图"1"，最小的见"3"，两者之间的一个物种请见"2"。但其间并不止一个物种，有不少于6个物种的喙的大小稍有差别。"4"是莺雀亚群的喙。卡托尼斯亚群的喙，与欧洲的棕鸟有点儿像。第四个亚群——树雀，则有些像鹦鹉。看到一群亲缘关系很近的鸟类，其喙的构造如此多样，我们不禁要想，也许是因为岛上本土鸟类稀少，所以一个物种为了达到多种目的而演变成不同的物种。同样也可以想象，有一种本来只是普通兀鹫的鸟，来到此地后承担起美洲大陆上食腐兀鹫的责任。

提及涉禽和水鸟，我只收集了11种，其中有3种（包括一种在潮湿山顶发现的秧鸡）是在本地发现的新物种。鉴于海鸥杂交的习性，我惊奇地发现在这些岛屿上生活的海鸥，虽然与南美洲南部的一个物种相似，竟然也是本地特有的品种。陆地鸟类更加神奇，一共26个物种，有25个都是本土物种，只有涉禽和蹼足鸟活动范围甚广。所以，我们可以看到水生动物的规律：无论是生活在淡水里，还是生活在咸水里，都不如陆地同类特殊。这条规律对于贝类来说，更加明显。然而，这个群岛上的昆虫，不算多么特殊。

在涉禽中，有两种比从其他地方引进的同种体形小得多。燕子也比同类小一些，虽然不知道其是不是独立的种。两种猫头鹰、两种鹟科鸟类和鸽子，也比亲缘关系近的同类体形小。不过，海鸥却比同类物种体形大。两种猫头鹰、燕子、3种效舌鸫、鸽子、红脚鹬和海鸥，都比同类颜色暗淡；效舌鸫和红脚鹬是同类物种中颜色最暗的。通常情况下，赤道地区的鸟类颜色多数都鲜艳明亮，然而在此地，除了一种胸部是淡黄色的鹟鹟，以及一种冠羽和胸部是猩红色的鹟，其他鸟类颜色都很暗淡。所以，很有可能，在物种迁徙的过程中，让物种变小的因素，也使多数加拉帕戈斯本土的物种颜色变暗。

这里所有的植物看起来都十分萎靡，我没有见过一朵漂亮的花。昆虫个头很小，颜色暗淡。这正如同沃特豪斯先生所说的，很难想象这里的东西居然是赤道物种。鸟类、植物和昆虫，都带有沙漠物种的特征，颜色和巴塔哥尼亚南部的动物一样暗淡。所以，我们可以据此判断，热带生物常有的鲜艳颜色，与当地的炎热和光照没有关系，应该有其他的原因，也许是与利于生存的整个环境有关。

爬行动物

现在我们要说爬行动物了，这类动物具有这些岛屿最明显的特征。其种类虽不是很多，但每一种的个体数量庞大。有一种南美洲蜥蜴属的小蜥蜴，两种（或以上）钝嘴蜥属，后者为该群岛本土的物种。有一种蛇，数量很多。比布隆先生曾告诉我，这类蛇和智利的丹氏沙蛇一模一样。关于海龟，我相信肯定不止一种。陆龟有两三种，稍后我将详细说明。

岛上温度很高，林间潮湿，很适合青蛙和蟾蜍的生存，但奇怪的是，这里完全没有它们的踪迹。这让我想起圣·文森特曾经说过，在大洋的任何一座火山岛都看不到蛙类动物。根据不同著作上的说法，可以肯定的是，在整个太平洋地区都是这样的情况，就连桑威奇群岛（即夏威夷群岛）中的大岛也是如此。不过，毛里求斯例外，我在那里看见过很多马斯卡林蛙。据说在塞舌尔群岛、马达加斯加和留尼汪岛上也能看到蛙类。不过，杜波依斯在1669年出版的游记中却说，留尼汪岛除了龟类，再无别

加布里埃尔·比布隆（1805～1848），法国动物学家、爬行动物学家。

圣·文森特（1778～1846），法国博物学家。

达尔文说 冈瑟博士认为加拉帕戈斯群岛上的蛇为本地特有种类，在其他地方都没有其分布。

的爬行动物。在毛里求斯的法国总督也说过，1768年以前，曾有人想把青蛙引进到毛里求斯（我认为是出于食用的目的），但最后没有成功。所以，这种蛙是否真的是本土物种，仍待考证。与蜥蜴喜欢出没在大大小小的岛上相比，这类海岛缺乏蛙类就显得有些奇怪了。难道是蜥蜴的卵有硬壳的保护，在水里也能移动，而青蛙黏糊糊的卵不能导致的？

关于陆地龟类，我首先来说说加拉帕戈斯象龟的习性。我认为，群岛的所有岛屿上都有这种动物，而且数量众多。它们经常出没于潮湿的高地，不过在干燥的低地也能看到它们的身影。之前也说过，通过一天捕到的数量，就能知道它们数量庞大。有的龟个头很大。曾任一个殖民地的副总督的劳森先生跟我说，他曾经见过几只很大的龟，七八个人才能抬得动。雄性的老龟长得最大，雌性龟很少能长这么大。从尾巴就能分辨雌雄，雄龟尾巴更长一些。有些龟生活在淡水中，或者岛上地势低的干燥地区，以多汁的仙人掌为食物。有些龟生活在潮湿的高地，以各种树木的叶子和又酸又涩的浆果为食物，有时也吃树枝上垂下来的淡绿色地衣。

陆地龟类喜好水，饮水量巨大，也喜欢在淤泥中打滚。群岛中较大的岛屿上有泉水，都在岛的中部，位置很高。陆地龟类经常在低处活动，所以口渴时要爬行很远去找水源。因此，从海边到泉水处的每个方向都有龟类的足迹。西班牙人就是依靠这些足迹找到水源的。我在查塔姆岛上岸时，第一次看到这些足迹，还在纳闷什么动物能够井井有条地按照路线爬行。在泉水旁边，许多庞然大物在成群结队地向前爬，也有喝饱的在往回走。它们爬到泉水边，全然不顾是否有旁观者，把头埋进水里，淹没眼睛，大口大口地喝水，一分钟能咽十下。当地人说，每只乌龟都在泉水附近停留三四天，然后返回。然而，它们去喝泉水的频率不同。这些动物可能会因食物的不同而调整饮水的间隔时间。不过，即便在没有水源、一年只下几场雨的岛上，它们也能生存下去。

这种陆地龟类无疑是本土物种，在所有的岛屿上都能见到，即便没有淡水的小岛上也有。假如它们是引进物种的话，活动范围就不会这么广泛，在荒无人烟的岛上就不会出现。而且，很久以前，海盗发现的龟类数量比现在更多。1708年，伍德和罗杰斯曾经说过，西班牙人认为这种龟在其他地方都没有。如今，它们分布广泛，不过在其他地方，它们是不是本土物种值得怀疑。毛里求斯有很多龟骨，与现在已经灭绝的渡渡鸟埋在一起，被认为是这种龟的骨头。如果真是与渡渡鸟同一时代的物种，那么它们肯定是本土物种，不过比布隆先生认为它们和毛里求斯现存的龟类不是同一个物种。

钝嘴蜥属是明显的蜥蜴属，只生活在这些群岛上。它们总共分为两种，外形类似，一种陆栖，一种海栖。海栖钝嘴蜥，是 贝尔先生 首先注意到的。从他的描述中，可以得知这种动物头部短而宽，爪子尖利且长度相同，由此推测它们的习性特别，不同于关系很近的美洲鬣蜥属。在群岛的所有岛屿上，都能看到这种动物，它们栖息在海岸的礁石间，从不远离海岸，我从来没有在9米外的陆地上看到过它们。这种动物长相丑陋，浑身乌黑，动作缓慢。成年的长约90厘米，也有1.2米长的，其中个头大的重达9千克。在阿尔比马尔岛上，钝嘴蜥的外形更大。其尾巴又扁又平，部分脚趾间有蹼。它们偶尔扎进数百米远的海里，游来游去。科尔内特船长在其著作

托马斯·贝尔（1792～1880），英国动物学家、外科医生和作家，曾负责对达尔文乘坐"小猎犬"号旅行时采集的标本中的爬行类和两栖类进行描述和绘图。

《航海志》中写道："钝嘴蜥成群结队下海捕鱼，然后回到岸边的岩石上晒太阳，可谓小型的鳄鱼。"不过，它们肯定不是以鱼为生。在水里，它们依靠弯曲的身体和扁平的尾巴，游起泳来游刃有余。游泳时，它们的四条腿紧紧贴在身体两侧，完全不动。曾经有个船员在一只钝嘴蜥上绑了重物，扔进海里，以为能溺死它。结果过了一小时，他再拉起绳索，钝嘴蜥还是活的。它们的四肢和尖利的爪子，适合在海岸边满是熔岩和裂缝的岩石上爬行。经常能看到六七只丑陋的钝嘴蜥趴在黑色岩石上，比飞溅的浪花高出几米，摊开四肢晒太阳。

再来说说陆栖蜥蜴，即加拉帕戈斯陆蜥，其尾巴是圆的，脚趾间没有蹼。它们不像在其他岛上的其他物种那样活动范围广泛，仅在群岛的中央部分活动，也就是在阿尔比马尔岛、詹姆斯岛、巴林顿岛和英迪法蒂给勃尔岛。在群岛南部的查尔斯岛、胡德岛和查塔姆岛，以及北部的泰埃尔岛、安德娄岛和艾宾东岛，都没有看到它们，也没有听说过。仿佛它们是由群岛的中央部分创造出来的，然后散落到附近，不超过某个边界。这种蜥蜴，虽然有一些生活在潮湿的高处，但是大多数都生活在海岸附近的低处。它们的数量极其庞大，具体数目我虽不清楚，但是当我们在詹姆斯岛停留的时候，由于满地都是它们的洞穴，以至于我们竟找不到地方来搭帐篷。它们跟海栖蜥蜴一样，样貌丑陋，腹部是橙黄色的，而背部是红棕色。它们的面角很低，所以看上去有些笨拙。陆栖蜥蜴比海栖蜥蜴个头小，不过有的重达6千克。它们动作迟缓，通常拖着腹部和尾巴在地上慢慢地爬行。它们常停下来，休息一下，闭着眼睛，后腿在干热的地面上伸展开。

加拉帕戈斯陆蜥在洞穴里栖息，偶尔会在火山熔岩碎片中打洞，多数情况下，都是在松软的凝灰岩平地上打洞。洞穴不太深，入口倾斜的角度很小。所以，在挤满蜥蜴洞穴的地面上走路，路面很容易坍塌，对疲惫的行人来说，这真是雪上加霜。在打洞的时候，它们身体的两侧交替挖掘，一条前腿挖一会儿，就换后腿继续。后腿的位置正好可以把土堆到洞外。身体一侧累了，就换另一侧，轮流劳作。我曾经看过一只正在打洞的蜥蜴，看了很久，直到它半个身体探入洞里。然后，我上前去拉了拉它的尾巴，它马上转过身盯着我的脸，仿佛在说："你干吗拉我的尾巴？"

加拉帕戈斯陆蜥白天出去寻找食物，但离洞穴不远。要是受到惊吓，它们会赶紧钻进洞里，步态非常笨拙。由于四肢长在身体两侧，它们的动作缓慢，下坡时速度能快一点儿。它们不胆小怯懦，看东西时，会卷起尾巴，用前腿支撑，再抬高身体，然后上下点着头，看上去很凶猛。实际上，它们一点儿也不凶，只需跺跺脚，它们的尾巴就放直了，然后迅速地拖着步子逃窜。我观察过一种吃苍蝇的小蜥蜴，它们专心看着某个东西时，就是这样地上下点头，不过我不知道它们这样做的目的。假如捉住一只蜥蜴，用棍子逗它，它就会死死地咬住棍子。我也试着提起蜥蜴的尾巴，可没有一只会试着咬我。要是把两只蜥蜴放在一起，它们就会打起来，争个你死我活，直到一方流血。

很多加拉帕戈斯陆蜥住在低地，一整年都不喝一滴水。然而，它们会吃很多汁水丰富的 仙人掌 。仙人掌的枝叶总被风吹到地上，它们就捡起来吃。

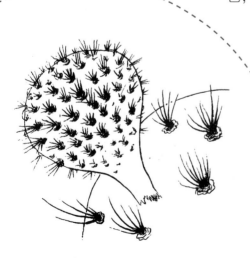

好几次，我把一块仙人掌扔给两三只蜥蜴，它们会抢来抢去，用嘴衔着仙人掌，好像争抢骨头的饿狗一样。它们会一口吞进食物，然后再慢慢咽下去。鸟类都知道这些动物没什么危险。我见过一只粗嘴雀在吃蜥蜴嘴里的仙人掌（低地上的所有动物都喜欢吃仙人掌），然后就飞到蜥蜴的背上，无所顾忌地跳来跳去。

我曾经解剖过好几只蜥蜴的胃，里面都是植物纤维和各种树叶，尤其是金合欢的叶子。在高处，它们以番石榴又酸又涩的果为生。在番石榴树下，我见过这些蜥蜴和陆地龟一起吃叶子。为了吃到金合欢树叶，它们会爬到矮小的树上。经常能见到两只巨大的蜥蜴，趴在离地面数米的树枝上，安静地啃着叶子。蜥蜴的肉做熟之后是白色的，味道鲜美，深受饕餮客的喜爱。洪堡曾说，在南美洲的热带地区，所有生活在干燥地区的蜥蜴都可以做成美味大餐。听当地人说，住在潮湿高地的蜥蜴喜欢喝水，而住在干燥低地的蜥蜴并不会为了寻找水源爬到高处去。在我们停留的那段时间，正是雌蜥蜴的产卵期，它们会把又大又长的蛋下到洞穴里。当地人就翻找洞穴，把蜥蜴蛋当成食物，吃进肚子。

正如我之前所说，钝嘴蜥属的两个物种，身体构造和生活习性很接近，行动都很慢，这也是蜥蜴属和鬣蜥属的主要特征。两者都是食草动物，但进食的植物各有不同。贝尔先生看它们口鼻短小，因而命名为"钝嘴蜥属"，实际上，它们口部的形状和龟的非常相像，让人不禁猜测，这是为了适应食草的习性。这个种类真是非常特别，既有海栖，又有陆栖，仅在世界的某个地方生活，想想就很有趣。最值得注意的是海栖蜥蜴，因为其是现存的唯一以海洋植物为食的蜥蜴。开始时我觉得，这个群岛上的爬行类的物种并不多，不足为奇。奇怪的是，它们每一种数量都很多。看到那些被陆地龟踩出痕迹的道路、数以万计的海龟、蜥蜴聚集地和每座岛上趴在岩石上晒太阳的一群群海栖蜥蜴，我们不得不承认，在这个群岛上爬行动物以如此明显的方式取代了食草的哺乳动物。要是地质学家听说这样的情形，一定会想起第二纪地质时期。那个时候，陆地和海洋都被蜥蜴占据了，有的蜥蜴食草，有的食肉，外形庞大，堪与如今的鲸鱼相媲美。所以，这个群岛值得好好观察，这里没有潮湿的气候和茂密的植物，只有很少的植物能够成长，但是对于赤道地区来说，其气候算是非常温和了。

海洋鱼类和陆生贝类

关于这里的海洋鱼类，我收集了15种，全是新物种。它们分别属于12个属，分布广泛，但不包括锯鲂绯属，因为这个属有4个已知物种出现在美洲东海岸。

我收集了16种陆生贝类，还有两个明显的变种，都是本土特有品种。这当中不包括一种蜗牛属动物，因为其在塔希提也发现过。唯一的一种淡水贝类——田螺，在塔希提和范迪门地也很常见。在我们来此地之前，卡明先生已经在这里收集了90种海生贝类，其中包括马蹄螺属、蝾螺属、单齿螺属和织纹螺属，还有几种没有包含在内的物种。

休·卡明（1791～1865），英国收藏家、自然科学家，尤其擅长贝类学和植物学。他被誉为"收藏王子"，其收藏品现收藏于英国自然博物馆。

关于这90种贝类，他提供了一个检测结果：在90种里，不少于47种是本地特有的物种。考虑到海生贝类分布范围广泛，这个事实真让人惊讶！在其他地方也有的43种贝类里，有25种生活在美洲西海岸，其中8种是可以辨识的变种，剩下的18种（含有一个变种）都是由卡明先生在低地群岛发现的，在菲律宾群岛也发现了一些。在这里找到的太平洋中部岛屿的贝类，需要格外注意，因为众所周知，没有一种海生贝类在太平洋和美洲西海岸共存。在美洲的西海岸，南北走向的海洋隔开了界限分明的贝类生长区域。然而，在加拉帕戈斯群岛，却有一个过渡的地方，诞生了很多新的贝类物种，仿佛是这两大贝类区域派出了自己的代表，来征服新的区域。美洲区域送来了代表性物种——加拉帕戈斯单心贝类属。这个属只生活在美洲西海岸。另外，还有加拉帕戈斯的钥孔帽螺属和核螺属。据卡明先生说，这两个属在美洲西海岸也很常见，但在太平洋中部的岛屿上则完全看不到。还有，加拉帕戈斯的皱螺属和圆柱螺属常见于西印度群岛，在中国和印度的海边也很常见，但在美洲西海岸和太平洋中部就完全看不见。当我比较了卡明和 海因兹先生 收集的两千种来自美洲东西海岸的贝类后，我发现，只有一种紫荔螺属是东西海岸

> 理查德·海因兹（1811～1846），英国海军外科医生、植物学家和软体动物学家。他曾于1835年到1842年对太平洋地区进行过自然科学考察。

共有的。在西印度群岛、巴拿马海岸和加拉帕戈斯群岛上，也有这种紫荔螺属。所以，在南半球里，有三个截然不同的海生贝类区域，虽然相距不远，却被狭长的、南北走向的陆地和海洋分隔开。

昆 虫

收集昆虫的过程颇费波折。除了火地岛之外，我从来没有见过昆虫如此少的地区。这里在潮湿的高处也没什么昆虫，只有最常见和普通的几种，

如一些很小的双翅目和膜翅目昆虫。前面已说过，在热带地区的昆虫个头很小，颜色也很暗淡。我收集了25种甲虫，不包括皮蠹属和赤足蠓属，因为这两个属是在有船来往的地方发现的，所以很可能是从别的地方引进的物种。在25种甲虫里，有两种地甲科，两种属于水龟甲科，9种属于异肢目的3个科，其他的12种分属于12个科。昆虫的数量稀少（植物也一样），种类却很多，这种情况很普遍。沃特豪斯先生出版过一本关于此群岛上的昆虫的书，写得非常详细，值得参考。他还跟我说，有几种新的属，还有一两个已知的来自美洲的属，其他都是随处可见的种类。除了一种啃食木头的阿帕特虫和来自美洲的一两种水生甲虫外，其他的物种都是新的品种。

植 物

这些岛的植物也和动物一样有趣。胡克博士很快就要在《林奈学会会报》上，发布该群岛植物的全部报告。以下部分数据就来自他的论著。

开花植物已知有185种，加上40种隐花植物，共计225种，我有幸带回其中的193种。开花植物中，有100种是新物种，或者说是本土特有物种。

胡克博士认为，查尔斯岛开垦的耕地附近，至少有10种是从外面引进来的。这座岛仅离美洲大陆800千米～960千米远，而且根据科奈特的著作记载，海水经常把浮木、竹子、甘蔗、棕榈果冲到群岛的东南海岸。在这种情况下，美洲物种居然没有被自然地引进来，真让人纳闷。我认为，185种开花植物中，有100个新物种，这样的比例足以使这个群岛成为独特的植物区域，不过这里的植物不如圣赫勒拿岛的特别。胡克博士也说，论独特性，这里也比不上胡安·费尔南德斯群岛的植物。有些植物最能体现该岛的特点：这里有21种菊科植物，本土物种就占20种，属于12个属，其中10个属仅限此地所有。胡克博士还说，这里的植物具有美洲西部的特征，而且他也没发现这些植物和太平洋植物有亲缘关系。所以，我们且不说那些来自太平洋的18种海生贝类、一种淡水贝类和一种陆生贝类，以及一种雀类，单论这个群岛是在太平洋中，但它的动物谱系却属于美洲，就足见其奇妙所在。

回过头来再看植物群，我们会发现不同岛屿上的本土植物随着岛的不同而相异。根据我的朋友胡克博士的权威著作，我们能得出下面的结论。首先说一句，我在不同的岛上采集了不同的开花植物，也清楚地做了标记。不过，也请大家不要过于相信关于这些比例的结论，因为其他植物学家带回了不同的标本。这些结论虽然从某些方面得到了证实，但也表明，有关这些岛的植物仍需深层次的研究。比如关于豆科植物，我们的研究还不够深入。

小岛的名字	植物种类数量	世界其他地方也有的种类数量	仅限于加拉帕戈斯群岛的种类数量	仅限于此岛的种类数量	仅限于加拉帕戈斯群岛，但在群岛中的其他岛上也能见到的种类数量
詹姆斯岛	71	33	38	30	8
阿尔比马尔岛	44	18	26	22	4
查塔姆岛	32	16	16	12	4
查尔斯岛	68	39（若不算引进的物种则为29）	29	21	8

从中，我们得到一个惊人的事实：在詹姆斯岛的38种本土植物中，就有足足30种为此岛独有是世界其他地方看不到的品种；在阿尔比马尔岛的26种

本土植物中，有22种为此岛独有，有4种见于群岛的其他岛屿。查塔姆岛和查尔斯岛上的植物见表格。为了说明这一事实，还有一些例子更让人惊讶：菊科植物中的树菊属中有6个物种，其中一种来自查塔姆岛，一种来自阿尔比马尔岛，一种来自查尔斯岛，两种来自詹姆斯岛，还有一种来自后面三座岛中的一个，但我搞不清到底是哪座了。这6种都是只生长在一座岛上的植物。还有大戟属植物，分布范围广泛，在群岛上共有8种，其中7种是本土特有的，并且只生活在一座岛上。铁苋菜属和丰花草属很常见，各有6种和7种，每个物种都只生活在一座岛上。只有丰花草属的一个物种例外，在两座岛上都能找到其身影。菊科植物具有独特的地方特征。胡克博士还告诉我几个例子，来说明不同岛上的种类也不同。根据他的说法，这种分布规律不仅适用于该群岛的本土植物，也适用于世界其他地方的物种。同理，我们看到，不同岛上的动物也不同，无论是陆地龟类、活动范围广阔的美洲效舌鸫、两种加拉帕戈斯的地雀类的两个亚群，还是加拉帕戈斯的钝嘴蜥属物种，情况都是如此。

此地所有的陆栖动物，包括效舌鸫、地雀、鹪鹩、鹟、鸽子和食腐的兀鹫类，其性情都很温顺。它们经常离人很近，拿个棍子就能打死。我自己试过，用一顶帽子就能罩住它们。在这里，枪是多余的。我曾经用枪管把一只鹰从树上捅了下来。有一天，我躺在地上，手里拿着一个龟壳做的水杯，这时一只效舌鸫飞下来，站在水杯边，悄悄地饮起水来。我把水杯举高，它还站在那里。我经常想抓这些鸟的腿，而且好几次都差点儿成功。这些鸟类如今不如过去温顺了。著名旅行家考利先生曾于1684年说过"斑鸠性情温顺，常常落在我们的帽子和手臂上，让我们伸手就抓到了。它们原来并不惧人，直到我们中的一个人向它们开了枪，此后它们就知道躲着人了"。同一年，丹皮尔 也说过，早上散步的某个人随随便便就能弄死五六十只斑鸠。现在，鸟类虽然也温顺，但不会落在人的手臂上了，更不会大量地被弄死。令人感到匪夷所思的是，在过去的150年中，海岛

> 威廉·丹皮尔（1651~1715），是第一个到澳大利亚探险的英国人，被誉为考察澳大利亚自然历史的鼻祖，为英国最著名的探险家之一。

和捕鲸船经常来到这些岛上，海员们在树林里大肆寻找陆地龟时，总会随手杀死这些鸟，以此为乐。尽管如此，这些鸟仍很温顺，没有变得狂野。由此可见，外来物种很可能会对这些来不及改变自己本能的本土物种造成致命的打击。

Chapter 15

塔希提岛和澳大利亚

　　10月20日，我们离开加拉帕戈斯群岛，驶向塔希提岛。11月15日一大清早，我们就看到了塔希提岛，这是让每个在南半球航行过的人难以忘怀的岛屿。从远处看，这里景色平平，因为我们还看不到低处生机勃勃的植物。云雾散开后，巍峨险峻的山峰显现出来。我们的船停靠在马塔瓦湾，刚一停稳，就有独木舟围拢过来。根据航行日志的记载，这一天是星期天，但是在塔希提已经是星期一了。如果还是星期天的话，就不会有小船来接我们了，因为本地人墨守成规，安息日不能划船。

　　吃完午饭，我们上岸，享受这个新地方带给我们的愉悦——塔希提可是享誉全球的游览胜地。男女老少在维纳斯角会合，微笑着迎接我们。他们要把我们带到威尔逊先生家里，他是当地的传教士。威尔逊先生已在半路上等待我们。到他家后，我们受到了热情的款待。

塔希提岛概貌

塔希提岛上可开垦的土地不多，我围着小岛看了一圈，只有山脚下的冲积土地可以开垦。一条珊瑚礁环绕着整个海岸线，保护小岛免受海浪的冲刷。珊瑚礁内的海面，风平浪静，像个内陆的湖泊，本地人划着独木舟，穿梭于海上，大船也可以在此停泊。低地连着满是珊瑚的沙滩，那里种着美丽的热带植物。在香蕉树、柑橘树、椰子树和面包树下，开垦出的小块农田种着山药、红薯、甘蔗和菠萝。就连树下的灌木也是引进的植物，即番石榴，由于其长势过于凶猛，跟杂草一样被荒置。在巴西时，我非常喜欢那里的香蕉树和棕榈树，还有柑橘树，它们互相映衬，美得像画一样。在这座岛上，面包树叶子宽大，叶面如伸开的手指，在各种树木间独成一派。有些

树长得和英国橡树一样茂盛，枝叶伸展，枝头挂着硕大的果实，富有营养。虽然我们在观赏某种植物时，很少会想到它的用处，然而这些美丽的树，知道其产量丰富，无疑会增加我们的愉快之情。树荫下小路蜿蜒，通向散落四处的人家。我所到之处，都得到了当地人热情而真挚的款待。

我很喜欢 塔希提本地人 。他们性情温和，让人不知不觉忘了他

们是野蛮人。他们举止文明，能看出处在开化的过程中。本地人在劳作时，裸露着上半身，显出健美的身材。他们身材高大，肩膀宽阔，体形匀称。听说欧洲人认为，这种深色的皮肤比白皮肤更有吸引力。一个白人要是在本地人旁边洗澡，看上去就像是温室里养的植物，与自然界中生机勃勃的深绿色植物形成鲜明对比。本地男人多数都文身，纹路贴着身体曲线铺展开，看上去非常漂亮。有一种常见的纹路像棕榈树的树冠，细节略有不同。这种纹路从背后的中线开始，向身体两边蔓延，有着深刻的寓意。在我看来，这种纹路装饰在人身上，就像纤细的藤蔓缠绕着伟岸的树干，两者相映成趣。

几乎每个本地人都懂一点儿英语，知道日用品的英文名称，再加上一些手势，勉强可以和他们交谈。晚上我们回到船上，看到许多小孩在沙滩上玩耍，并且点燃了篝火，照亮了四周的树木和宁静的大海；另有几个孩子围成一圈，正在唱塔希提的歌谣。多么美丽的一幅画啊！我们停下了脚步，坐在沙滩上，加入他们的行列。歌谣是临时编的，我觉得和我们的到来有关系。一个小女孩首先唱了一句，然后其他孩子轮流唱，形成了悦耳的大合唱。整个场面让我们深切地感觉到自己是在赫赫有名的南太平洋小岛的沙滩上了。

山地植被

17日，在航海日志中，今天是星期二，而不是16日星期一，因为我们一直在追着太阳走，所以就多出一天。还没等吃早饭，周围就围满了当地人的独木舟。听到我们允许他们上船，他们就一股脑地全上来了，我估计不少于200人。虽然人很多，但是井井有条，十分省心。我们相信，从任何别的地方挑出同样多的人，都不会那么安静。每个人都带了物品过来卖，贝壳是主要交易商品。现在，当地人很了解货币的价值，比起旧衣服和其他物品来，更愿意要钱。可是他们分不清楚英国和西班牙的各种硬币，只想要西班牙的大银圆。听说几个酋长积累了不少的财富。前不久，有一个酋长还出800银圆（相当于旧时的160英镑）买了一艘大船，他们经常用50～100银圆买捕鲸船和马匹。

吃完早饭后，我登上岸，爬上最近的山坡，直到七八百米的高处。外围的山脉呈圆锥形，虽然平整但很陡峭。山峰是由古老的火山岩构成的，岩壁上有一道道的深谷，从岛中央的断裂处一直延伸到海边。我首先穿过一片狭窄的、有人居住的肥沃田地，之后沿着两条深谷之间的崎岖山脊向上走。一路上看到的植物很奇特，低处都是矮小的蕨类植物，完全没有杂草，越往高处走，掺杂着越多的杂草，这非常像威尔士的某些山岭地带。在挨着海边的热带植物园里，看到这样的情况让人十分惊讶。到达山顶时，树木再次出现。这么来看，山上共有三个植物生长区：低处地面平坦，水分充足，土壤肥沃，由于只比海平面高一点儿，所以水分流失非常缓慢；中间的地方，空气不如高处潮湿多云，所以土壤贫瘠；高处树木旺盛，树蕨取代了海边的椰子树，但不如巴西的森林茂密。当然，大陆的丰饶物产不要期待出现在一座小岛上。

提亚奥卢山

18日，我一大早就上了岸，带着一袋粮食和两条毯子，给我和向导用。这些东西被放在扁担的两边，由两个向导轮换挑着走。本地人习惯了挑东西，每一边可以挑百十来斤，走上一整天也没问题。我告诉他们两人，要他们自备粮食和衣服，可他们说，山里有食物，衣服有自己的皮肤就够了。我们向着提亚奥卢山谷前进。山谷中有条溪流，逐渐汇聚成河，从维纳斯角入海。这是塔希提岛上的一条大河，发源于中央山脉最高峰的山麓下，最高峰海拔约2100米。整座岛上山路崎岖，只能从溪谷中进山。我们开始在河边的树林里穿行，一抬头就能看到岛中央的山峰，路旁偶尔有棵摇曳的椰子树，景象十分美丽。走了一会儿，溪谷越来越狭窄，两岸山峰也越来越陡峭。走了三四小时后，溪谷快赶上山谷宽了，两侧是几近垂直的峭壁，但因土壤是松软的火山岩地层，所以石壁上都长着茂密的树木。这些陡峭的崖壁有数百米高，构成了蔚为壮观的峡谷。我从来没见过这样的景象。山谷里的空气湿润凉爽，然而到了中午，太阳直射，温度升高，山谷里变得闷热。我们找到一处阴凉的岩壁，准备在下面吃午饭。两个向导在溪谷中抓了一些小鱼和淡水虾。他们随身带着一个小圆渔网，看到水深有旋涡的地方，潜入水中，像水獭一样睁开眼睛，追逐鱼群，等它们游到空隙和角落里，再用网捉住它们。

威廉·埃利斯（1794～1872），英国传教士、作家。

波马雷国王，塔希提第一个统一王朝波马雷王朝的第二任国王。

当地人在水中犹如两栖动物一样自在。 埃利斯 说过一件有趣的事，足以证明当地人在水中是如何自如。1817年， 波马雷国王 从外地运来一匹马，上岸时吊索突然断裂，马落入水中。一群当地人马上从船上跳进水中，使劲大喊，想要救马，却差点儿把马淹死。然而，等马靠近岸边时，他们掉头就跑，躲着这匹"载人的猪"，没人敢靠近。

再往高处走，溪流分成三股，其中两股偏北方，无法通行，因为从山顶到河里有很多的瀑布，从最高处倾泻下来。第三股也不容易走，但我们还是找到一条艰险的路，直奔山顶。两边的悬崖陡峭，幸好有一层层的岩石，在峭壁上突出来，上面生长着野香蕉、百合等一些热带植物。两个向导在这些岩石间攀爬，寻找水果，却发现了一条小

路，可以登上悬崖。这条小路开始的一段是特别陡的裸露岩石，非常危险，需要靠随身携带的绳索才能通过。实在难以想象，是谁发现了这条可怕而唯一可以登顶的小路。爬上去后，我们沿着一道岩架，小心地行走，来到其中一股溪流处。这片岩架构成一块平地，上方有道瀑布，从几十米的地方飞流直下。下方还有一道瀑布，直接流到下面的溪流中。从这处凉爽而隐蔽的平地绕行，可以避开上方的瀑布，之后仍然沿着小岩架前进。然而这里危机重

重，岩架上的植物遮盖了悬崖。最后两个岩架之间有一道绝壁。两个当地人中，身手灵活的那个搬来一棵枯树，让它靠着石壁，然后踩着枯树攀上去，又抓着石缝，爬到了岩架的顶部。他在顶部找到一块突出的石头，把绳索系在上面，放下绳索的另一边，先把行李拉上去，最后我们两人也爬了上去。在枯树靠着的石壁处，就是近200米深的悬崖。如果不是下垂的蕨类和百合遮住了部分悬崖，我肯定早就吓得腿软了，说什么都不会往上爬的。此后，我们继续爬山，有时沿着岩架走，有时沿着刀刃一般的山脊走，山脊两边都是深不可测的悬崖。我也算见识过安第斯山脉的不少山峰，但如此难以攀登的，这是第一个。我们一直沿着这条溪流前进，下游有许多瀑布流下来。傍晚时，我们在溪流边找了一块平地，准备扎营过夜。山谷两岸都长着大片的野香蕉，成熟的果实挂满枝头。许多香蕉树高6米~8米，树干粗约1米。两个当地人用树皮当绳子，用竹竿作横梁，用巨大的香蕉树叶作房顶，很快就为我们搭建起一座小屋，并用枯叶铺成了柔软的床垫。

然后，他们开始生火做晚饭。生火时，他们用一根尖头的木棍在另一根木棍的槽缝里反复刮擦，好像挖沟槽一样，直到槽里的木屑燃烧起来。取火用的木棍是一种特殊的白色木材，质量很轻，还可以用作扁担、小船的浮动支架。他们只花了几秒就点着火了，然而像我这样不懂技巧的人，就要花费很大力气。最后，我也成功地点着了木屑，这让我自信满满。潘帕斯草原的高乔人的取火方法与此不同，他们拿一根半米长的弹性树枝，一头顶在胸前，另一头削尖，插进木材上的洞里，快速转动弯曲的部分，就像木匠用钻头那样。没一会儿，我就看到塔希提人点着了柴火堆，并捡了20多块板球大小的小石头，放进火堆里。10分钟后，柴火烧没了，石头也烤热了。他们事先用树叶包好了牛肉、鱼肉、成熟或者不熟的香蕉和野生海芋等，放在烧热的石头中间，然后用泥土封起来，不让烟和蒸汽跑出来。约莫15分钟后，食物就烤熟了。把这些美味放在平展的香蕉叶上，再用椰子壳装些溪水，我们开始享受美味的晚餐。

之后，我们又在岛上考察了几天，然后乘上"小猎犬"号，向着澳大利亚驶去。

澳大利亚

1836年1月12日早上，一阵微风把我们送到澳大利亚的杰克逊港。远望过去，并没有看到绿荫环绕的人家，而是横在那里的泛黄悬崖，感觉很像巴塔哥尼亚的海滨。只有一座白色石头砌成的灯塔孤零零地矗立在那里，告诉我们正在接近一个人口密度很大的城市。进入港口后，映入眼帘的是宽阔的海岸，层理分明的砂岩形成了一道悬崖。平坦的地表上生长着稀疏的灌木丛，由此可以看出土地的贫瘠。再往内陆走，情况逐渐好转：别墅和农舍散落在海边，远处还有几座三四层高的石砌楼房，河边还有一些风车，都在提示着我们，这里已经是澳大利亚首府的郊区了。

小镇印象

最终，船停靠在悉尼湾。小小的港口停了许多大船，周围全是仓库。晚上，我到小镇里走了走，回来时对所见所闻非常满意。这里证明了大不列颠民族的强大实力。原本是荒郊野岭的地方，经过数十年的发展，比南美洲在同样时间内的发展成果显著得多。我第一次庆幸自己生为英国人。后来，在深入了解这个小镇后，我的赞叹之情少了许多，不过无论如何这都是个不错

的小镇。街道干净整齐，马路宽敞，到处都井井有条。房屋高大，商店布置得不错。小镇发展如此之快，就连伦敦和伯明翰郊区都比不上它。刚刚完工的大房子和其他建筑物多如牛毛，令人瞠目结舌。不过，就是租金过高，找房子不容易。在南美洲，城里的每一个富人都全城皆知，然而在这里，车马经过，人们都不知道是哪一家的，真让人奇怪。

土著人

　　1月16日，我出发前往巴瑟斯特。在路上，我发现新南威尔士地区最有特点的就是植物极其单一。这里到处是空阔的树林，部分地面上长着稀疏的青草。树大多都是一个物种，叶子竖直生长，而不像欧洲的树叶那样水平生长。树叶稀少，散发着一种淡绿色，毫无光泽。所以，这里的树林里敞亮而不阴郁。这对烈日炙烤下的行人来说很不舒服，但对农民来说却非常重要，因为树下可以生长牧草。树叶并不会周期性脱落，整个南半球如南美洲、澳大利亚和好望角都是如此。南半球和热带地区的居民，也许看不到我们习以为常的壮丽景观：光秃秃的树叶发出新芽，一夜之间变成了绿色。不过，他们也许会说我们有好几个月都在看光秃秃的树。这话不错，但春天带给我们盎然的绿意，令我们欢喜雀跃，这是住在热带的人无法体会到的。相反，整年阳光充足，到处都是绿意，会给他们带来审美疲劳。除了几种蓝橡胶树，其他树木都不算粗壮，却长得细高细高的，棵与棵之间相距甚远。有一种橡胶树的皮，每年都会脱落，一缕缕地随风飘扬，有种凌乱而荒凉的感觉。这与瓦尔迪维亚或奇洛埃岛上的树木截然不同，形成鲜明对比。

夜幕降临，有20多个当地人从我们身边经过，他们按照习惯，手上拿着一个长矛和其他 武器 。我们给了带头的人一先令，这些人马上就停下来，表演抛掷长矛的技巧。他们上半身赤裸，有几个人能说点儿英语。这些人看上去很快活，完全不像平常见到的那些粗俗的家伙。他们抛长矛的技术很高。把一顶帽子放在27米外，他们能快速抛出长矛，把帽子刺穿。在追踪野兽或敌人上，这些人也很有天赋。我和他们说过话，觉得他们非常聪明。只是他们不知道种地、盖房子定居，即便把一群羊交给他们放养，他们都不愿意看管。总而言之，他们比火地人要开化很多。

如今，澳大利亚的土著人口急剧减少。在我走过的这一路上，除了几个由英国人抚养的男孩，以及上面那伙抛长矛的土著人外，我只看到一队土著人。他们人口的减少，一是由于烈酒的引进，二是由于欧洲人的疾病（即使是不严重的疾病，如麻疹，也会夺走很多人的生命），三是由于野生动物的日渐灭绝。据说因为他们居无定所，喜欢流浪，很多婴儿出生后就死了。随着获取食物的难度增加，他们游荡的习性也会加剧。所以，尽管没有大饥荒，与文明国家相比，他们的人口下降得非常快。在文明国家，父辈由于劳累而死亡，还不至于让后代也跟着死亡。

除了上述这几个明显的导致死亡的原因外，似乎还有神秘因素在发挥着影响。欧洲人所到之处，土著人就会死亡。环顾南北美洲、波利尼西亚、好望角和澳大利亚，都能得到同样的结论。除了白种人扮演着死神的角色外，在东印度群岛的一些马来血统的波利尼西亚人，也驱逐着黑皮肤的当地人。各个种族的人就跟各个种类的动物一样，相互斗争，强者总会消灭弱者。在新西兰，我曾经听到一个健硕的土著人忧郁地说，他们知道，这片土地会断送在下一代的手中。听到这话，难免令人唏嘘不已。自从库克船长来塔希提考察后，那里的人口就下降得厉害，很多英国人都知道这个事实，却不知道原因。在这个案例中，人口应该增加才对，因为以前杀害婴儿的习俗已被制止，放荡的行为也减少了很多，就连血腥的战争也不发生了。

斯托姆湾

1月30日，"小猎犬"号出发，前往范迪门地的霍巴特镇。航行的头几天，风和日丽，后几天天气变冷，风浪变大，我们终于在2月5日到达斯托姆湾（意为"风暴湾"）的入口。那天的天气尤其恶劣，与这个讨厌的名字非

常相配。这个海湾其实就是个河口，因为德文特河就从这里流到海里。河口附近有很多玄武岩伸展出来的平台，因为高出地面很多，就形成了山峰，上面覆满了轻质树木。在海湾的周边，低处的坡地已经被开垦成农田，种着金黄的谷子和翠绿的马铃薯，长势旺盛。夜晚，船停在一处小港湾里，再往里走就是塔斯马尼亚岛的首府了。初看此地，觉得不如悉尼，悉尼毕竟是个城市，这里只能叫小镇。它在惠灵顿山下。惠灵顿山高约930米，向小镇提供了充足的水源，但是没有风景可言。小港湾内，货仓鳞次栉比，旁边还有一座小型的炮台。这里曾是西班牙人的占领区，他们喜欢修建炮台。然而，这里的炮台如此简单，让人不屑一顾。与悉尼相比，这里无论是已经建好的，还是正在建的，房屋都不算高大。1835年做的人口普查显示，这个小镇共有13826人，而塔斯马尼亚岛总共只有36505人。

　　"小猎犬"号在此停留10天。在这段时间里，我做了几次愉快的短途旅行，主要是考察周围的地质构造。我对以下方面很感兴趣：第一，那些含有很多化石的泥盆纪或石炭纪地层；第二，证明此地的地面近期内有所抬升；第三，检查一块孤零零的泛黄的石灰岩或钙质凝灰岩，里面有树叶的痕迹，还有一些已经灭绝的贝类。这个小的石坑，也许含有范迪门地过去某个时期内保存下来的唯一植被情况。

乔治王湾

2月7日，"小猎犬"号离开塔斯马尼亚，向西航行，于3月6日到达乔治王湾，这是澳大利亚的西南角。在这里，我们停留了8天，这几天是出航以来最无聊的日子。从高处望去，这个地方满是森林，偶尔能看到几座圆形山丘，都是半裸的花岗岩山峰。有一天，我跟着一队人出去，想看一看追捕袋鼠的场面。我们在平原上走了很久的路，所经之处都是沙土，土壤贫瘠，只有一些小草和灌木生长。此处的景象很像蓝山砂岩高原一样，不过这里的木麻黄树长得很像苏格兰冷杉，数量庞大，而桉树却稀少。开阔的平地上长着一种草树，类似棕榈树，但顶部没有高大的树冠，只有一束乱草。远远望去，灌木和其他植物郁郁葱葱，让人觉得土壤肥沃。然而一走近，这种想法就消失了。和我有同感的人绝不愿意再来此地。

一天，我陪着费茨·罗伊船长去鲍尔德角。之前的很多航海家也都提过此地，有人以为看到了珊瑚，有人以为看到了石化树，还说它们就在原来生长的地方。在我们看来，那些地层是由风吹过来的细沙堆积成的，这些细沙里含有贝壳和珊瑚磨成的小圆颗粒。风把树枝和树根以及很多陆生贝类埋在一起，整个混合物由于钙质的渗透而变得坚固。木头腐烂后，留下空心圆柱，地下水溶解的石灰质渗透进来，形成了坚硬的假钟乳石。到了今天，松软的部分早已被风吹走，树枝和树根混合物从地表露出来，形状怪异，让人以为是从前的灌木丛的残余。

天气不佳，我们耽误了一些时日，终于在3月14日离开乔治王湾，前往基林岛。大家满心欢喜。澳大利亚，再会啦！这个正在成长的孩子，有一天一定会成为伟大的女王，傲视南半球。然而，这个孩子欲望太多，不足以让人尊敬。我离开这里的海岸，没有丝毫的悲伤和惋惜。

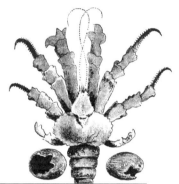

Chapter 16

基林群岛：
珊瑚礁的构造

　　1836年4月1日，我们抵达基林群岛。这片群岛也叫科科斯群岛（意为"椰子岛"），位于印度洋，距苏门答腊海岸约960千米。它们与我们经过的一个低地群岛很像，是由珊瑚礁构成的礁湖岛，或者叫环礁岛。当"小猎犬"号抵达港口时，英国人莱斯克先生划着小船来迎接我们。

马来奴隶

　　基林群岛居民的历史，我大概介绍一下。大约9年前（1827年），品性不良的黑尔先生从东印度群岛带来许多马来奴隶，如今这些奴隶已经有100多人。此后不久，曾来此地经商的罗斯船长带着家人从英国移民过来。跟他一起来的莱斯克先生，原来是罗斯船长的大副。这些马来奴隶很快就从黑尔先生居住的小岛上逃走，并加入罗斯船长的船队。黑尔先生只能离开此地，前往别处。

如今，这些马来人名义上是自由人，至少从他们的待遇来看确实如此，不过在其他方面他们仍被当成奴隶。他们对自己的境遇不满，频频从一座岛上迁到另一座岛，这也许是因管理不善导致的状况不佳。群岛上唯一的家畜就是猪，主要植物就是椰子，这也是群岛的经济命脉所在。唯有的出口产品椰子和椰油，会出口到新加坡和毛里求斯，在那里被磨碎后制成椰粉。这里养猪靠的就是椰子，鸡鸭也吃椰树的叶子，养得非常壮实。还有一种巨型的陆生螃蟹，天生有一对能够打开椰子壳的巨螯。

群岛概况

次日早晨，我从迪雷克申岛上岸。这一带地面干燥，只有几百米宽。湖的另一边有白色的石灰质海滩。此处天气非常炎热，白色海滩把阳光反射回来，让人更觉得闷热难忍。海湾外围是坚固而广袤的珊瑚岩，把汹涌的海浪挡在外面。海滩上有一些沙子，是由磨圆的珊瑚碎屑组成的。这片松软、干燥和多石的土地完全依靠热带的天气，才能有如此生机勃勃的植物。在一些小岛上，刚长成的椰子树三五成林，互相映衬，美景如画。周围一条白色的海滩，为美景描绘了边界。

漂洋过海的种子

现在，我要说一说基林群岛的情况。这里物种稀少，有些特殊。乍一看，这里的树全是椰子树，仔细一看，还有五六种其他树木。有一种高大的树，质地很软，完全没有用处，还有一种却是造船的好木材。除了这些树之外，其他植物也没几种，只有一些毫无价值的野草。在我收集的标本中，除了苔藓、地衣和真菌类植物，此地的所有植物物种只剩下20种。不过，在此数之上，也许还要加上两种，一种是开花的树，不过这会儿不是开花的季节；另一种我只听过，没有亲眼见过。后面这种树只有一棵，生长在海滩附近，没有别的同类，多半其种子是海水冲过来的。还有一种植物——桃实椰子，也只在其中一座小岛上才有。我没有把引进品种列入上述名单中，比如甘蔗、香蕉、蔬菜以及草类。因为这些岛屿完全是由珊瑚构成的，在以前某个时期，肯定是被海浪冲刷的珊瑚礁，所有的陆地生物必然是由海浪挟带而来的，所以这些植物的物种有到贫瘠土地避难的嫌疑。亨斯娄教授说，在我收集的20种植物里，有19种属于不同的属，再往下细分，属于至少16个科。

霍尔曼在他写的《旅行记》中记录过一些种子和其他东西被冲上岸的情形，其中引用了不少基廷先生的话。他曾经在这些岛上住了12个月，非常了解当地的情况。基廷先生说："这些种子和植物来自苏门答腊和爪哇，被海浪冲到了迎风的一面。其中有基米利树，这是苏门答腊和马六甲半岛特有的物种；椰

约翰·斯蒂文斯·亨斯娄（1796～1861），英国植物学家、地质学家、牧师，达尔文的老师。在他的帮助和指导下，达尔文成为一位伟大的博物学家，因此他也被后人称为达尔文的伯乐。

詹姆斯·霍尔曼（1786～1857），英国冒险家、杰出的作家和社会观察家。其25岁时因病致盲，但仍坚持探险事业和写作，成为一名颇有成就的旅行家，被誉为"无眼的旅行者"。他的作品被广泛传播，受到读者的喜爱与欢迎。

子树是巴尔西的物种，从其外形和大小便可得知；达达斯树是马来人种植的，树干上总爬满 胡椒藤；还有肥皂树、蓖麻、西谷椰子树以及马来人不认识的各种植物种子。所有的种子都是由西南季风吹到新荷兰海岸的，然后再被东南季风吹到这些岛屿上。在这里，我还发现了不计其数的爪哇柚木和黄香槐，还有红雪松和白雪松，以及新荷兰岛所产的蓝橡胶树。所有带硬壳的种子，比如攀缘植物，仍然有发芽的能力，但是纤弱的种子，比如捻子树的种子，就在途中坏掉了。还有捕鱼的独木舟，很明显是从爪哇来的，也被冲上了岸。"如此一来，可以看出有很多种子从不同的地方被冲过来，真是一件有趣的事。亨斯洛教授还对我说，他确信我带回去的这些种子，都是东印度群岛的沿岸常见的物种。然而，从风向和洋流的方向来看，它们似乎不是直接过来的。据基廷先生猜测，这些种子很可能先被带到了新荷兰海岸，然后再与那里的种子一起被冲过来。这样的话，这些种子在发芽之前，已经走了2880千米～3860千米的路了。

沙米索 曾经描述过太平洋西岸拉达克群岛的状况。他说，大海给这些岛屿带来了很多种子和果实，其中多半都是这里没有的物种，而且这些种子还未失去生长能力。

阿德尔伯特·冯·沙米索(1781～1838)，德国诗人、植物学家。

我还听人说，棕榈树和竹子来自热带的某个地区，而杉树来自遥远的地方。这些事实都很有意思。毫无疑问，如果这些种子刚被冲上岸就被陆生鸟类衔走，带到了比松散的珊瑚岩更好的土地上，那么过一段时间，那些孤零零的礁湖岛也会拥有丰富的物种。

陆生动物

在这里，陆生动物的种类比植物更少。有一些岛上生活着老鼠，它们可能是被一艘从毛里求斯来的船带过来的，因为船触礁了，便留在此地。沃特豪斯先生认为，这些老鼠和英国的同属一个物种，不过这里的老鼠个头小一些，毛发更为光亮。这里没有真正的陆栖鸟类，尽管有一种沙锥鸟和一种秧鸡完全生活在干草中，但还是属于涉禽。据说，这一目的涉禽常出没于太平洋的一些低矮岛屿上。在阿森松岛上，没有陆栖鸟类，但有人曾在山顶上打到过一只秧鸡，而它很明显只是孤单的一只流浪鸟。根据卡尔迈克的说法，在 **特里斯坦·达库尼亚群岛** 上，只有两种陆栖鸟类，其中一种是白骨顶鸡。这些事实足以说明，涉禽目的鸟类可能是这些孤岛最早的开发者，后

特里斯坦·达库尼亚群岛：位于南大西洋，属于火山群岛。

面追随着无数的蹼足类物种。我还得补充一句：在所有远离陆地的海洋里，且不说海洋物种，我看到的鸟类全属于涉禽目，所以它们自然而然就被当成任何偏僻小岛上的最早移民了。

爬行动物和昆虫

关于此地的爬行动物，我只见过一种小蜥蜴。而昆虫类，我只要见过，必然要捉住做标本。除了众多的蜘蛛，这里一共有13种昆虫，但只有一种是甲虫。一种小蚂蚁常聚集在松散的珊瑚岩下面，繁殖得相当快。虽然在这座小岛上，物产少得可怜，然而看一看周围的海水，能找到许多微生物。沙米索曾经

达尔文说 这13种昆虫都属于下面这几个目：鞘翅目（叩头虫）、直翅目（蟋蟀和蠊属）、半翅目（1种）、同翅目（两种）、脉翅目（草蛉）、膜翅目（两种蚂蚁）、鳞翅目（夜鸣虫和甘薯羽蛾）、双翅目（两种）。

说起过，拉达克群岛的一座礁湖岛上的生物物种。从他的描述中可以看出，该群岛的微生物数量和种类与基林群岛非常相似，让人惊讶。拉达克群岛上有一种爬行动物，还有两种涉禽，即沙锥鸟和杓鹬。至于植物，一共有19个物种，包含一种蕨类。这里的某些植物，在相距甚远的拉达克群岛上也能看到，尽管两地位于两个大洋。

定居点

4月3日，星期天，做完礼拜后，我陪费茨·罗伊船长去一个定居点。这个定居点在几千米外的小岛上，那里到处都是高大的椰子树。罗伊船长和

莱斯克先生住在一个大房子里，像仓库一样，两边敞开，只挂着树皮编的席子。马来人住的屋子建在礁湖边。整座小岛没有多少耕地，显得非常荒凉。这里的土著人来自东印度群岛的不同岛屿，但都讲着同一种语言。他们中有婆罗洲人、西里伯斯人、爪哇人和苏门答腊人，其肤色与塔希提人接近，长相也类似，但有些妇女长得很像中国人。我喜欢她们的样子以及她们讲话的声音。土著人看上去都很穷，房子里没有家具，然而他们的孩子却胖乎乎的，由此可见这里的椰子和海龟营养丰富。

次日，我专门去考察这些岛屿简单的构造和起源，非常有趣。这里的海浪很大，我潜入水中，路过平坦的死珊瑚岩，向那些活珊瑚堤走去，汹涌的海浪就在那里被打碎。在珊瑚堤的沟壑和洞穴里，有绿色的鱼以及其他颜色的鱼，也有很多植虫类物种，色彩丰富，令人赞叹。如果一个人在见识过有无数生物的热带海洋后，引发了对生命的轻视，我觉得是值得原谅的。不过，我得承认，那些博物学家对海底洞穴的溢美之词，实在过于夸张。

海龟与椰子蟹

4月6日，我跟着费茨·罗伊船长去礁湖那头的一座岛上。水道错综复杂，我们从珊瑚丛的美妙枝条中穿过。一路上，我们遇到好多海龟以及两条捕龟船。水面清浅，海龟潜入水中，立刻消失不见，不过捕龟人划着小船，很快就找到了它。站在船头的人看到海龟后，跳入水中，爬到它的背上，然后用双手拿住颈部的龟壳，海龟就会驮着他，直到没有力气，被抓到船上。有两条小船在来回地追着海龟，船头的人都扎到水里，试图捉住它们，看上去非常有趣。莫尔斯比船长曾对我说，在印度洋的查戈斯群岛，当地的土著人会活剥龟壳，就把烧红的木炭放在龟背上，龟就会向上翻，然后人们就用刀活活将龟壳撬下来，趁热用木板压平整。被活剥龟壳的海龟忍着剧痛，过一段时间后，就会长出新的龟壳。然而，这层新的龟壳太薄，几乎没什么用处，海龟于是变得体弱多病，会很快死亡。

前面提及一种 椰子蟹 ，它们常出现在干燥的地方。这种螃蟹个头巨大，属于椰子蟹属的一种，一双前腿最后能长成强壮而沉重的巨螯，而后面的腿则变成了纤弱的小钳子。一开始看到螃蟹可以打开坚硬的椰壳，我们都大吃一惊。不过莱斯克先生告诉我，他见过很多次这样的情况。那个螃蟹先剥开椰子的外壳，把纤维一根根撕下来，之后就用笨重的巨螯在椰壳上捶打出裂缝，再反复敲击，直到敲出一个小洞。然后，它转过身来，用后面的小钳子掏椰子里面的白色果肉吃。在大自然中，两个物种看似毫无联系，但在构造上却如此互相适应，真是奇特。我还没见过比这更神奇的生物本能。这种椰子蟹白天活动，据说每天晚上，都要下海，湿润自己的鳃部。幼蟹被孵出来后，也要在海边生活一段时间。它们把洞挖在树根下，住在深深的洞穴里，还在洞穴里堆了很多椰子壳的纤维，当作自己的床铺。马来人有时利用这一点，把纤维收集起来，制作绳索。它们的肉很好吃；较大的蟹尾下面有很大一块脂肪，熔化后能产出1升多透明的油脂。有些人说，椰子蟹会爬到椰子树上偷吃椰子，我不太相信，但它们如果要爬露兜树，则容易得多。莱斯克先生告诉我，这座岛上的椰子蟹只吃落到地上的椰子。

按照莫尔斯比船长的说法，这种蟹还生活在查戈斯群岛和塞舌尔群岛上，离得很近的马尔代夫群岛上则没有。毛里求斯以前有很多，但现在只在一些小岛上才有。在太平洋中，这个物种或与其习性相近的物种，听说只有在社会群岛北部的一座珊瑚岛上才有。而且，莫尔斯比船长想看看巨螯的威力，所以抓了一只蟹，放在坚硬的饼干盒里，盖上盖子，并用铁丝封住。但这只蟹从里面撬开盒子的边缘，逃了出去。为了撬开边缘，这只蟹在盒子上敲了许多小孔。

珊瑚丛

在基林群岛，我发现两种珊瑚，其都属于千足虫属，让人震惊的是，它们能够蜇人。刚把这种活珊瑚虫从水中拿出来时，感觉很粗糙，并不黏滑，还散发出刺鼻的味道。蜇人的能力根据不同的物种而不相同。如果把珊瑚放在脸上或者手臂这样娇嫩的地方，马上就会产生刺痛感，而且会持续好几分钟。有一次，我拿了一个珊瑚，用脸蹭了蹭，结果立刻就疼起来，过了几秒后，疼痛加剧，半小时后仍然很痛，就像被荨麻扎了一下，更像是被僧帽水母蜇了一下。被蜇的手臂上会起小红点，就好像出水疱一样，然而并没有疱凸起来。科伊先生 也说起过这种珊瑚，听说西印度群岛也有。除了僧帽水

让-勒内·科伊（1790～1869），法国海军外科医生，动物学家和解剖学家。

母和海蜇，许多海洋生物都有蜇人的本领。佛得角的一种软体动物（海兔）也会蜇人。在《星盘号航行记》中，作者记录了红海葵和一种与桧叶螅属有亲缘关系的珊瑚也具备这种进攻或者说防御的手段。在东印度群岛，据闻还有一种会蜇人的海藻。

这里常见以珊瑚为生的两种鹦嘴鱼，它们都呈现漂亮的蓝绿色，一种生活在礁湖中，另一种生活在外围的礁石间。莱斯克先生肯定地说，他看过很多次这种鱼群在啃食珊瑚的顶端，用它们强壮的骨质双腭。我解剖过几只，发现它们的肠子里填满了泛黄的石灰质沙泥。这里有一种黏黏的、令人恶心的管海参，和海星很像，中国人却称之为海参，并视作美食。艾伦博士告诉我，这种海参也吃珊瑚，它们身体的骨质器官就是为了适应这一目的而存在的。这些海参、无数挖洞的贝类以及在死珊瑚块上钻孔的蠕虫，都善于粉碎珊瑚的身体。看看礁湖底部和沙滩上那些白色沙泥，就知道它们有多能干了！然而，有一些白色的沙泥湿润时很像捣碎的白垩。埃伦伯格发现，它们是由裹着一层硅质的浸液虫构成的。

奇妙的珊瑚礁

4月12日早上，“小猎犬”号离开礁湖岛，前往法兰克岛。能够游览这些由珊瑚礁构成的岛屿，真的很幸运，因为这样的构造称得上是世界奇观了。在离开岛屿约2000米的时候，船长用一条2000多米的绳子测量海深，仍未触底，所以据此推测，这座岛屿是由海底的山脉形成的，四面都是陡峭的崖壁。碟形的山顶跨度达到16千米，它的每一颗微粒，从最小的粒子到最大的岩体，都打上了有机物构造的印记。旅行家每每提及金字塔和其他遗迹，都

赞赏其伟岸巍峨，然而与这些不同的软体动物堆积起来的石山相比，那些都显得无足挂齿。这个奇观，乍一看普通，仔细一想却令人感到震撼。

下面，我就简单地说说环礁、堡礁、岸礁这三大类珊瑚礁的形成过程，并借此阐述自己的观点。几乎所有横渡过太平洋的航海家，在看到礁湖岛后，都非常惊奇，后面我会使用礁湖岛的印度名称"环礁"来称呼它们，并试图解释其来源。在1605年，法国人皮拉尔·德·拉瓦尔曾经感慨道："这些被巨大石垅环绕的环礁，毫无人工雕琢的痕迹，堪称奇迹！"上面是关于太平洋中的惠森迪岛的图片，摘自比奇船长的杰作《航海记》。这幅图粗略地绘制出环礁的独特景象——很多狭长的小岛彼此相连，围成一个圆环。环礁的外面是浩瀚的大海以及汹涌的波浪，相比而言，礁内地势平缓、风平浪静，只有亲眼所见，才能领略出图片所没有的惊心动魄。

环 礁

早期航海家认为，建造珊瑚礁的动物凭着本能筑成巨大的圆环，好躲避危险。然而，事实并非如此，而是由于珊瑚礁只能生活在有风浪的外围海岸，无法在平静的水域内生存。内湖生长的珊瑚大都是枝叶柔嫩的品种。此外，他们还认为，许多不同种类的珊瑚是为了相同的目的聚集在一起的。不过，在大自然中找不到它们聚在一起的目的。还有一种流传甚广的说法，即环礁是建立在海底火山口的上面，可是考虑到其大小、形状、数量和彼此之间的距离，以及彼此间的相对位置，这种说法就经不起推敲了。例如，苏迪瓦环礁的平均直径为70千米，最狭窄的部分只有54千米；而里姆斯基环礁的直径有86千米，狭窄处仅有32千米，边缘处还有一个奇怪的弯曲；弓箭环礁直径为48千米，平均宽约10千米；门契科夫环礁是由三个彼此相连的礁岛组成的。对于印度洋中的马尔代夫北面的环礁（其中有一个环礁长140千米，宽16千米~32千米），这种说法也不适用，因为那里环绕着许多狭长的珊瑚礁，包括无数独立的小环礁。其中有一些小环礁还从环礁中央的空地中突出来。第三种说法由沙米索提出，略微好些。他认为，外围海域的珊瑚长势更旺（事实也是如此），所以在相同的基础之上，外围要比其他部分生长更快一些，这就解释了为什么环礁呈环形。不过，我们马上就会注意到，这种说法和火山口理论一样，忽略了一个非常重要的情况，即造礁珊瑚不能在深水中生长，那么它们庞大的结构是以何为基础的呢？

在本次考察中，费茨·罗伊船长多次测量基林环礁那陡峭的外侧。他将底部涂抹了油脂的铅块放进水里，然后拉出来，看上面的附着物。他发现，在水深18米以内都可以找到活珊瑚的痕迹，不过表面非常干净，仿佛落在一块碧绿的海草上，水越深，痕迹越少，但其中的沙砾却越来越多，直到上面的附着物足以说明铅块已经触及海底。海底的海草越往深处越少，而且深海海底的泥土过于贫瘠，海草完全不会生长。这一说法已经被很多人的观察印证了。据此可推论，珊瑚造礁的最大深度为37米～55米。在太平洋和印度洋的广阔海域中，每座岛屿都是由珊瑚组成的，它们只抬升到海浪能够将碎屑抛到的高度，以及风力能够堆积沙砾的高度。所以，拉达克礁湖群岛是不规则的四边形，长832千米，宽384千米；低地礁湖群岛是椭圆形的，长轴长1344千米，短轴长672千米。两个群岛之间还有小群岛和单独的低地岛屿，在海洋中形成6400千米长的线状海域，其中没有一座岛屿超过特定的高度。相同的情况也出现在印度洋中，有一片长2400千米的海域内，有三个群岛，其中每座岛屿都是低地岛，都是由珊瑚构成的。由于造礁珊瑚不能在深水中生长，我们可以肯定，在这片广阔的海域中，最初的深度一定是37米～55米。太平洋和印度洋的中心区域是最深的海域，其都离任何大陆或风平浪静的水域异常遥远，绝对不可能出现宽阔高大、彼此独立、四周陡峭的成堆沉积物，从而形成数百千米的群岛或线状岛屿。同样，广阔的海域内也不可能堆积起距海面37米～55米的石堆，且没有任何一点高出此深度。在地球上，我们可曾见过一座独立的山脉，哪怕只有数百千米长，其大大小小的山峰不止百座，而且高度相差无几，没有一个尖峰超出这个高度的吗？假如造礁珊瑚的生长基础并不是由沉积物形成的，假如它们没有被海水抬升到所需高度，那么它们一定会下降到那个高度。这样的话，随着一座座山、一座座岛缓慢地沉到水下，就会不断产生新的基础以供珊瑚生长。此处由于篇幅的关系，无法说明所有的细节，不过我可以大胆地断言，任何人的任何说法都不能解释，为

达尔文说 　值得注意的是，莱伊尔先生在《地质学原理》第一册中就已说明，在太平洋地区，陆地的沉降量是大于上升量的。这是因为活珊瑚和活火山是形成陆地的媒介，它们的数量要远大于陆地的面积。

何广阔的海域上分布着无数的岛屿，而这些岛屿为何都是低矮的，为何都是由珊瑚构成的，那些珊瑚为何需要一个特定深度的基础。

堡礁

在我们解释环形珊瑚礁如何形成独特的构造之前，先来看一下第二种珊瑚礁，即堡礁。堡礁分两种，一种是从大陆或者大岛海岸前面伸出的一条直线，另一种是环绕在小岛周围。无论哪一种，都有一条宽大且深邃的水道将其与陆地分开，就像环礁里的礁湖。不过，奇怪的是，环形的堡礁很少引发人们的注意。下面的图片部分显示了太平洋中，环绕博拉博拉岛的堡礁从中央岛屿上看到的样子。在这一图例中，整条珊瑚礁都变成了陆地，不过通常都有一条巨浪形成的雪白线条，还有一些露出水面的低矮小岛，长满了椰子树，将礁湖的碧绿海面与暗绿色的汹涌海浪分隔开。这条礁湖的海道不断地

冲刷着岸边的土壤，上面生长着美丽的热带植物，在礁湖的中央有一座寸草不生的山峰崛地而起。

环形堡礁大小不同，从直径5千米到70多千米的都有。新喀里多尼亚群岛周围的堡礁带长约640千米。每片堡礁都有一两个或者几个高矮不一的岩石岛，其中一片堡礁甚至有多达12座彼此独立的小岛。堡礁距离其环绕的大陆远近不一。社会群岛的堡礁，距离群岛只有一两千米到五六千米，而霍格留岛的堡礁与其中的几座岛，南边相距32千米，北边则相距22千米。礁湖水道的深度也不同，一般都在18米~55米，不过在瓦尼科罗群岛，有些深度会在102米左右。在堡礁的内侧，或者坡度缓慢下降到礁湖的水面，或者直接形成陡峭的崖壁，深入水中60米~90米处。堡礁的外侧则如环礁一样，都是从大海的深处突然崛起。试想，有一座岛屿仿佛是海底高山上的一个城堡，由一圈珊瑚石墙护卫着，外面陡峭，里面偶尔也很险峻。其顶部平坦宽敞，到处都有狭窄的通道，大船可以驶进这些宽阔且深邃的壕沟里。世界上还有比这种构造更为奇特的吗？

说到真正的珊瑚礁，堡礁和环礁并无明显区别，在尺寸、轮廓、组群情况以及最细微的构造上，都没有区别。地理学家巴尔比曾明确指出，环礁就是礁湖中有一块拔地而起的高地，如果移走此高地，剩下的就是完整的环礁了。

岸 礁

然而，究竟是什么原因让这些珊瑚礁远离岛屿又高出海面呢？如果说珊瑚靠近陆地就不能生长，这种说法与事实不符，因为在礁湖的内侧海岸，在没有充满沉积泥土的地方，经常有一片活珊瑚礁。这样的珊瑚礁就是我们说的第三种珊瑚礁——岸礁，它们紧贴着陆地或岛屿的海岸生长。此处又会碰到那个问题，由于珊瑚不能在深水中生长，那么这些造礁珊瑚究竟是在什么基础上来建造环形结构呢？这也是一个大难题，与环礁的难题类似，都很容易就被人们忽略。看了下面的剖面图，就能有一个清楚的认识了。这是瓦尼科罗群岛、甘比尔群岛和莫雷阿群岛的堡礁，依照南北线的剖面绘制的。图中的水平线和垂直线都是每1厘米代表2534米。

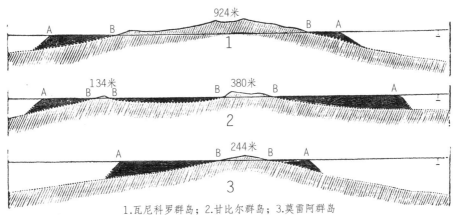

1.瓦尼科罗群岛；2.甘比尔群岛；3.莫雷阿群岛
黑色表示堡礁与礁湖。海平面（A-A）以上的区域表示陆地的真正形状；
海平面以下的区域表示陆地在水面下的延伸部分。

此处不得不强调的是，从这些岛屿的任何方向绘制的剖面图，或者从其他珊瑚礁得到的剖面图，其基本特征都相同。现在请考虑一下，造礁珊瑚不能在37米～55米以下的深水中生长，而且由于图片中的比例尺太小，右边的铅垂线表示水深360米，那么这些堡礁是建在什么基础之上的呢？我们难道要假设，每一个岛屿都被如同项圈的海底礁石所包围，或者被一块巨大的沉积物守卫着，而此沉积物在珊瑚礁的末端突然消失？如果这些岛屿在没有珊瑚礁保护的时候，海水已经侵蚀岛屿的陆地，在周围的水下形成礁石，那么如今的海岸就应该被悬崖峭壁环绕，然而这种情况极其罕见。而且，这种说法无法解释为什么珊瑚礁会像一堵墙，把一片宽阔的水域圈在里面，但其深度远不适合珊瑚的生长。这些岛屿的周围都有由沉积物堆积形成的宽阔海岸，海岸越宽，岛屿则越小，不过要是考虑到它们处于大洋中心的最深处，这种情况则非常不可思议。在新喀里多尼亚群岛，其堡礁从北部向外伸出240千米，而在西海岸也有同样方向的直线伸展出来。无法想象，一个沉积海岸竟然会在一个高高的岛屿前沉积下来，深入海面，并且距离岛屿的边缘如此之远。最后，假如我们看一下高度相同、结构相同却没有被珊瑚礁围绕的岛屿，我们是不会在周围找到不超过55米的海底的，除非离海岸很近。通常从海面突然崛起的陆地，其四周的海域会突然变深，就像多数被珊瑚礁围绕或者没被围绕的海岛一样。那么，我再提出那个问题：这些堡礁究竟建在什么基础之上呢？它们为什么会远离自己保卫的陆地，而中间有一条宽且深的水道呢？等一会儿我们就能看到，这个难题是如何解决的。

　　接下来，我们再简单地说一下第三种珊瑚礁，即岸礁。这些珊瑚礁通常位于陆地的坡面突然深入水面的地方，距离岸边只有几米之远，形成海岸的一条花边或者裙边。在陆地的坡面缓慢深入海面的地方，珊瑚礁便会延伸得更远一些,有时会远至一两千米。在这些情况下,测量珊瑚礁外侧的水深,会发现陆地在水下延伸的部分也有一个坡度。实际上,岸礁只延伸到水下37米~55米的地方。说到珊瑚礁的实质,形成岸礁与形成堡礁、环礁的珊瑚礁并没有本质的差别,不过通常形成岸礁的珊瑚礁狭窄,并且在其上很少能形成小岛。由于造礁珊瑚在外侧长势更好,再加上冲刷的沉积物对珊瑚有害,所以珊瑚礁的外侧最高,且在外侧与陆地之间有一条数米深的沙沟。在有些地方,当沉积物上升到水面时,就像西印度群岛的某些小岛,边缘会被珊瑚包围,因而很像礁湖岛或者环礁。当围绕在坡度较缓的岛屿时,岸礁则更像堡礁。

珊瑚礁的形成

任何关于珊瑚礁形成的看法,如果没有涉及这三大类珊瑚礁的情况,都无法让人满意。综上论述,我们知道那些广袤的区域曾经下沉过,那里分布着低矮的岛屿,并且没有一座岛屿的高度会超过风力和海水抛沙子的高度,这些由动物构成的岛屿需要一个生长的基础,然而这个基础还不能在水下过深的地方。下面以一个被岸礁包围的岛屿为例,因为它们结构简单,比较容易解释。假设这座岛及周围的岸礁在缓慢下沉(如下图所示,实线代表岸

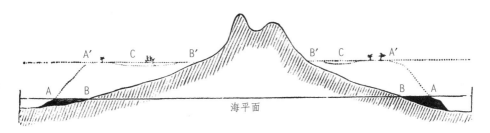

AA,过去岸礁露出海平面的外侧边缘。BB,过去岛屿沙滩的边缘。A'A',现在珊瑚礁的外侧边缘,此时陆地已下沉,珊瑚礁变成堡礁。B'B',陆地下沉后中心岛的边缘。CC,礁湖。
注:本图与下面图中都用海平面的上升来表示陆地的下沉。

礁），无论它是一次下沉数米，还是悄然无声地下沉，在确定其具有珊瑚生长的有利条件下，可以肯定地做出推断：珊瑚礁外侧的珊瑚，在被海浪冲刷后，会迅速地长到海面上来。海水也会逐渐侵蚀海岸，岛屿便会日益低矮和变小，这样一来，岸礁内侧与岛屿之间的水道就会变宽。下图就是此情况下珊瑚礁与岛屿的剖面图，实线是下降数百米后的剖面图。假如在珊瑚礁上形成了礁岛，一艘船停靠在礁湖的水道中。这条水道的深浅是由陆地下沉的多少、沉积物的多少以及纤细珊瑚枝条的生长速度来决定的。这一剖面图很像一个被堡礁包围的岛屿的剖面图，但实际上，这就是一座真正的岛屿的剖面图——太平洋中的博拉博拉岛。现在我们就能看出，为什么周围的堡礁会离岛屿的海岸那么远了。我们也能看出，在新生的珊瑚礁外侧到陈旧的岸礁下方的坚硬岩架之间有一条垂直线，其长度超过珊瑚生长的水深下限，与下沉的长度相同。随着整个构造的下沉，小小的"建筑师们"在其他珊瑚及其坚硬碎屑的基础上，建起巨大的像墙一样的珊瑚礁体。这样一解释，之前的难题就不复存在了。

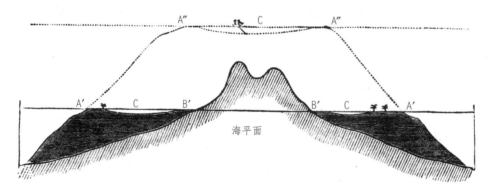

A'A'，堡礁露出海平面的外侧边缘，堡礁已经形成小岛。B'B'中心岛的边缘。CC，礁湖。
A"A"，陆地下沉后，现在珊瑚礁的边缘。C'，现在的礁湖。
注：实际上，这张图里礁湖的深度被夸大了。

假如我们以有岸礁的大陆海岸为例，而不是以岛屿为例，而且它也下沉，形成了一个巨大的直线堡礁，如同澳大利亚或者新喀里多尼亚群岛一样，与大陆相隔一个宽且深的海沟，那么也能得出上述结论。

　　再拿新的环形堡礁为例子，上页图中用实线表示的部分就是其剖面图。如我之前所说，这是博拉博拉岛的真实剖面图。假设它还在下沉，堡礁也缓慢下沉，那么上面的珊瑚则会继续生长，不过岛屿缓慢下沉会使海水逐渐侵蚀海岸——原先孤立的山丘，在巨大的珊瑚礁内形成独立的岛屿——最终，最后连尖峰也消失在水面上，一个完整的环礁便形成了。我在上文中提及，把环形堡礁中高出海面的陆地搬走，剩下的就是环礁。现在，这块陆地已经被"搬走"了。从中，我们可以看出，环礁开始时是环绕高地的堡礁，然后才变成了环礁，所以在常见的大小、形状、组群的方式、单线或双线的排列上，它们与堡礁非常接近，而这种剖面图也被称为原来耸立在那里、后来下沉的岛屿的粗略草图。我们还能看出，太平洋和印度洋中的环礁如何沿着高大岛屿和海岸线的主要方向平行延伸。所以，我敢断言，依照大陆下沉珊瑚继续生长的理论，那些奇特构造的主要特征、那些航海家多年以来深感兴趣的环礁、那些奇特的堡礁，或者包围小岛，或者沿大陆海岸绵延数百千米，其成因都能够简单地做出解释了。

　　也许有人还会问，我是否能提供直接证据，证明堡礁或环礁下沉过。要知道，弄清楚水下运动的走势是多么不容易。虽然如此，在基林群岛，我看到礁湖周围生长着椰子树；有些因海水的冲刷而倒下。在某个地方的棚屋中，根据当地居民的说法，有一根基柱七年前在高潮水位线上，现在却终日被海水冲刷。经过我仔细询问，得知当地近十年来发生了三次地震，其中一次震感强烈。在瓦尼科罗群岛，环礁的水道非常深，任何冲击土壤都不能在高山的山脚下堆积，而在如墙一般的堡礁之上，也很少形成由碎屑和沙砾堆积的小岛。这些事实以及一些类似情况让我确信，这些岛屿最近下沉过，珊瑚礁还在继续生长，而且当地经常发生强烈地震。在社会群岛，礁湖的水道被填塞上，海沟的底层堆积了大量冲积土壤。在有些情况下，堡礁上形成了狭长的小岛——从实际来看，这些岛屿最近并没有下沉，而且近期只发生过几次小地震。在这些珊瑚的建造上，大陆和海洋永远在争夺建造权，因此很难确定珊瑚礁是海水冲刷引起的还是大陆轻微下沉造成的。不过，可以肯定的是，多数堡礁和环礁都经历过某种变化。在某些环礁上，一些小岛近年来长势很快，而在另外一些环礁上，一些小岛或整体或部分地被冲刷掉。马尔代夫群岛上的居民还记得一些小岛的形成日期。在某些地方的珊瑚礁上，海浪不断冲刷，珊瑚长得很快，上面有些洞内有着人类的坟墓，证明从前有人曾居住在那里。难以置信，海洋中的潮汐会经常变化，从本地人记录的环礁上的地震次数，以及从别的环礁上观察到的巨大裂缝，都充分地表明海底曾经历过某些改变和骚动。

根据我的理论，那些只被岸礁包围的海岸显然不可能发生能察觉到的下沉，所以在珊瑚生长时期内，它们或者纹丝未动，或者曾经向上抬升。有岸礁的岛屿经常能在其高处发现残留的有机物，这就说明岛屿曾经抬升过，这一事实也间接证实了我的理论的正确性。我对科伊先生和盖马德先生的论述印象深刻，他们的说法对一般的珊瑚礁不适用，仅适用于岸礁，对此我表示惊讶。后来我偶然发现，这两位杰出的博物学家曾经考察的那些岛屿，在最近的地质时期里抬升过，这也证明了他们的说法，于是我也不觉得惊讶了。

下沉理论可以解释堡礁和环礁在构造中的主要特征，也能解释它们在大小、形状和其他方面的相似性，更能简单地解释它们的构造细节和特殊情形，因为造礁珊瑚只能生长在一定水深下，且有生长的基础才能形成珊瑚礁。我再举几个例子说明一下。比如堡礁，长久以来人们都不太明白，为什么有海沟从珊瑚礁中穿过，且正好与陆地上的山谷相对。甚至有时候礁湖水道把珊瑚礁和陆地隔得非常遥远，即便水道更加宽广和深邃，也会发生这种情况。从岛屿的山谷上冲刷下来的水及其挟带的沉积物数量极少，但也可能伤害到礁石上的珊瑚。对于岸礁的每个珊瑚礁来说，即便是最小的溪流或者一年中绝大多数都处于干旱时期也不例外，其冲刷下来的泥沙、碎石都能堆在珊瑚之上，将其毁灭，形成一个狭窄的出口。所以，当有岸礁的岛屿下沉时，虽然多数狭窄出口会因向外和向上生长的珊瑚而闭塞，但是没有闭塞的出口（由于环礁水道流出的沉积物和脏水，某些出口不会闭塞）仍然会对着那些山谷的上游处，而被当成珊瑚生长基础的原岸礁上也会有一个裂口。

由此可看出，一面为堡礁的岛屿，或者一端、两端被堡礁环绕的岛屿，在长久的下沉后，或者成为如墙一般的独立珊瑚礁，或者成为一个有巨大而突出的横岭的环礁，再或者成为被长条形珊瑚礁连接起来的两三个环礁——这些情况都会发生。造礁珊瑚需要食物，同时它们又是其他动物的食物，也会被沉积物毁灭，而且不能附着于疏松的基底，很容易就被冲刷到海水深处，所以如果看到残缺不全的环礁或者堡礁，也不必大惊小怪。新喀里多尼亚群岛的大堡礁多数都是残缺、断断续续的，所以在长时间的下沉后，这个巨大的珊瑚礁不会形成和马尔代夫群岛一样有640千米长的大环礁，而是形成一连串或者一群环礁，其总面积与马尔代夫群岛类似。而且，一个环礁相对的两侧如果有裂口，洋流和潮汐很容易从两个裂口间穿过。这样的话，珊瑚就不可能把裂口的两边连接起来，特别是在陆地下沉过程中。如果两边不能连接起来，那么当整个构造下沉时，一个环礁就会分裂成两个或者多个小环礁。在马尔代夫群岛上，有许多相互独立却又互相连接的环礁，它们之间被很深的海沟分开（比如罗斯环礁与阿里环礁之间的海沟深270米，南尼兰多环礁与北尼兰多环礁之间的海沟深360米）。所以，我们在查看地图时，会相信它们曾经有着更密切的关系。在马尔代夫群岛，马洛斯马多环礁被一条水深180米～240米的叉形水道隔开，导致我们不知道该将其如何归类，是三个独立的环礁，还是一个未分开的大环礁呢？

对于更多的细节，我不再赘言。不过，有一个礁岛需要引起我们的注意，即马尔代夫北部的环礁。因为那里每个环礁的边缘都有残缺，所以海水可以自由出入。其构造如此奇特，需要我再解释一下。我认为，珊瑚向外向上的生长要么依赖礁湖内独立的小礁石，就好像在一般的环礁中见到的一样；要么依赖线形珊瑚礁侧面的残破处，就好像一般形态的环礁边缘一样。说到这里，我忍不住要赞叹这些奇特的复杂构造——一个巨大的沙盘，中间凹进去，从大洋深处突然上升，中间是广阔的海域，边缘是珊瑚岩形成的几座椭圆小岛，将将浮出海面，有些被植物覆盖着，且每座小岛中间都有碧绿的湖水。

还有一处细节要解释，相邻的两个群岛，其中一个长着珊瑚，而另一个却没有。我们知道，有许多因素可以影响珊瑚的生长，前文也提及过。如果在某个地方，土壤、空气和水质都变了，而造礁珊瑚仍然继续

珊　瑚

存活，这就更难将这个问题说清楚了。依照我的说法，有环礁和堡礁的地方都在下沉，在这些地方能够发现死亡的珊瑚礁。在所有珊瑚礁中，由于礁湖或者礁湖水道向背风面冲刷沉积物，因而这一面不利于珊瑚的生长，经常能在背风面找到死亡的珊瑚礁。尽管这些已经死亡的珊瑚还保持着如墙一般的形状，却已下沉到水下数十米。在查戈斯群岛上，不知道是因为什么，也许是由于陆地下沉过快，如今珊瑚礁的生长条件远不如前：一处环礁的边缘处15千米长的地方已经死亡沉没了；还有一处环礁，只有几个小珊瑚长到了水面上；第三个和第四个环礁已经完全死亡，沉到了水下；第五个环礁只有一些残留，岩架已经消失了。在这个例子中，有一点非常特别，即全部死亡的珊瑚礁和部分死亡的珊瑚礁，都会下沉到水中的同一深度，即水下11米～15米的地方，好像是同一种运动导致的。莫尔斯比船长所说的"半下沉的环礁"（感谢他提供了许多宝贵的信息），规模巨大，长轴有166千米，短轴有130千米，而且有很多独特之处。依照我们的说法，新环礁通常在下沉的地方形成，不过在这里会有两个主要的反对意见，一是环礁的数量应该会无限增加，二是假如不能证明它们曾经被毁灭的证据，那么在旧的下沉区域，每个独立的环礁应该会无限增厚。至此，我们已追溯了这些巨大的珊瑚圆环的生长历史，从最开始的起源，到它们生长期间的正常变化和意外事故，最后到它们的死亡消失。

地质学证据

我写的《珊瑚构造》一书，收录了我绘制的一张地图。在那张图上，我把环礁涂成深蓝色，堡礁涂成浅蓝色，岸礁涂成红色。岸礁是在陆地保持不动的时期形成的，或者说从陆地高处经常发现有机物的残留可看出，这些残留是在它们缓慢上升时形成的。堡礁则正好相反，是在下沉时期中形成的，不过这种运动一定要非常缓慢才行；在环礁的形成中，下沉运动如此之大，把海域内的所有高山都淹没了。在那张图上，会看到深浅蓝色的珊瑚礁是由相同性质的运动造成的，彼此紧紧相连；还会看到深浅蓝色的海域非常宽广，与红色的海岸线相连而不相交。这两种情况依照"珊瑚礁的性质是由地壳运动的性质决定的"理论，可以推断出来。需要注意的是，图中有好几处红色区域和蓝色区域挨在一起。我能证明，这些地方发生过地壳运动。在这些例子中，红色区域或者代表岸礁的圆圈构成了环礁，依照我的说法，它们开始是在下沉中形成的，后来又上升了。而另一方面，浅蓝色区域或者有环礁包围的岛屿，是由珊瑚岩构成，肯定是在下沉发生之前就已上升至现在的高度。在运动期间，现存的堡礁则继续向上生长。

虽然在宽广的海域中，环礁最为常见，但在西印度群岛的某些海域内就完全看不到环礁，这让某些生物学家非常惊讶。现在我们就知道原因了，那里没有发生过下沉，因此就无法形成环礁。西印度群岛和东印度群岛的部分地方，近期地壳都上升过。地图上的红色和蓝色区域都是狭长的。两种颜色交叉的部分曾经有过强烈的运动，下沉运动和上升运动时有发生，相互制衡。在有岸礁的海岸和其他没有珊瑚礁的地方，例如南美海岸，都有地面上升的痕迹。考虑到这些事实，我们可以得出结论：陆地的大部分地区都处于上升中，而从珊瑚礁的性质可以知道，海洋的中心部分都处于下沉中。东印度群岛是世界上土地最散碎的地区，大多数地方都在上升，但也有下沉的区域环绕或横穿整个群岛，有些地方还兼有上下运动。

在那张地图的有限空间中，我也用朱红色标出了所有的活火山。需要注意的是，在那些下沉的地方，也就是涂了浅蓝色和蓝色的区域里，并没有活火山。同样需要注意一下，主要的火山带与涂红色的地区重合，这就让我们得出结论，这些地区或者长期不动，或者近期在上升，后者更为普遍。虽然有几个朱红色的点距离蓝色的部分不太远，但在群岛或者小环礁群方圆百里的范围内，并没有一座活火山。然而，根据历史记载，在友爱群岛有两座或者更多座活火山曾经活动过，这种情况就非常特别了。友爱群岛有一些抬升过的环礁，后来有些部分被冲刷得很低。另一方面，太平洋中有许多被堡礁包围的岛屿，是火山喷发形成的，虽然经常能找到火山的残留物，但历史表明它们没有喷发过。因而，在这些例子中，同一地点中的火山的喷发与沉寂，与地壳运动的上升与下沉正好对应。无数的事实都可以证明，活火山存在的地方通常能发现上升后残留的有机物，然而除非我们也能证明，在下沉地区，火山的喷发或者沉寂是由地壳的上升或者下沉决定的。这种推论非常冒险，不过我仍然认为，我们可以承认这个重要的推论。

最后，再来看一下那张地图，并且记住关于上升后残留的有机物的陈述。令人惊奇的是，发生上升或者下沉的区域竟然如此广大，而且都是在近期内发生的。上升和下沉运动遵循着同一个规律。在整个充满环礁的区域中，没有一座高地山峰高于海平面，由此可见下沉的规模是非常巨大的；无论是持续性下沉，还是间歇性下沉，珊瑚都有足够的时间生长到水面上，当然这个过程是非常缓慢的。从珊瑚形成的研究中，可以推断出这个最重要的结论，如果不是这一研究，很难想象还能从别的方法中得出这个结论。我们也不能忽视另一种可能性：以前存在高大的群岛，如今只剩下一些珊瑚礁，来打破大海单一的景致了。此可能性正好解释了相距甚远的高大岛屿上生物的分布情况。造礁珊瑚保存了海底上下运动的证据，每一个堡礁都能看出陆地沉浮的痕迹，每一个环礁都是已经沉没的岛屿的纪念碑。因此，我们就好像面对着一位活了千年并且保留着地质变迁记录的地质学家，从他身上了解这个星球的运动变化和水陆更迭的伟大奥妙。

Chapter 17

从毛里求斯到英格兰

　　1836年4月29日早上，"小猎犬"号绕过毛里求斯的北部，也就是法兰西岛的北部。这座岛以景色优美著称，对此有诸多的名篇描写，今日得以一见，果然名不虚传。在潘普勒穆斯有些倾斜的平原上，一些房屋点缀其中，前景中有大片的绿色，那是甘蔗园。等走近时，这种绿色更显苍翠。在岛的中央有几座山峰，从农田四周拔地而起，上面的树木郁郁葱葱。山顶是古老的火山岩最常见的形状，尖尖的锯齿状。上方是大朵大朵的白云，看上去让人心旷神怡。整座岛的四周都是缓坡，中央是高山，气氛超脱，非要用一个词来形容的话，"和谐"是最恰当的表达。

小岛概况

　　5月1日星期日，我们沿着海边走到小镇的北部。这里的平原尚未开垦，是由黑色火山岩构成的，上面生长着野草和灌木。灌木主要是含羞草。这里的景色介于加拉帕戈斯群岛与塔希提岛之间，这样的说法，只有少数人才能理解。这是一个让人赏心悦目的地方，但没有塔希提岛那样妩媚，也没有巴西大草原那样壮阔。第二天，我登上拇指山。这座山位于小镇的后方，高840米，像拇指一样，因而得名。这座岛的中央是一片广袤的平原，四周是古老的玄武岩，地层向海边延伸。平原由近期的火山熔岩流形成，呈椭圆形，短轴线宽21千米。有人认为，这些外部相连的山脉属于高海拔火山口的地质构造，它们形成的方式与普通火山口不同，而是由突然而大型的抬升造成的。对此我表示反对。我很难相信，在这个例子和其他的例子中，这些处于平原边缘的火山口形状的山脉，只不过是巨大的火山底部的残留，其山顶要么被掀翻，要么被地下的深渊吞噬。

黑 河

5月3日晚，劳埃德上校请我和斯托克斯先生去他的乡间别墅做客。他因勘探巴拿马海峡而举世闻名，目前是毛里求斯的测量负责人。他的别墅位于威廉平原上，离港口约10千米。我们在此停留了两天，身心愉悦。该地海拔约240米，空气清新而微凉，四周皆是路，可以随便散步。不远处有一条深150米的大峡谷，是由中央平原流出来的熔岩侵蚀形成的。

5月5日，劳埃德上校带着我们游览黑河。这条河在小镇南部10千米处，从中可以观察抬升的珊瑚岩。我们途经一片果园和甘蔗地，这些作物在大块的火山熔岩之间生长，长势旺盛。两旁是含羞草树篱，许多人家种着芒果树。偶尔抬头，可以看到远处的山脉与近处的田园形成一幅优美的画面，让我们不禁感慨："要是能生活在这样幽静的地方，终生无憾。"

劳埃德上校养了一头大象,让我们骑了半程,体验了一次印度风味的旅行。大象行走起来没有一点儿声音,让我惊讶。这头大象是岛上唯一的一头,据说很快会多送几头过来。

圣赫勒拿岛

5月9日,"小猎犬"号从路易斯港出发去好望角,于7月8日到达圣赫勒拿岛。这座岛经常有人描述其可怕的景象,从船上望去,它的确好像一座黑色的城堡,突立在大海之上。靠近小城时,可以看到锯齿状的礁石,每一个关口都有小型的堡垒和大炮,似乎嫌天然的屏障不够安全。小城建在平坦而狭窄的山谷里,房屋整齐,周围种着绿树,景色优美。当我们停船靠岸时,看到高山之上矗立着一座城堡,周围有几棵无花果树,枝叶突兀地伸向天空。

次日，我找了个住处，离拿破仑墓很近，就在小城中心。从这里出发，随便选个方向，都可以走一走。我在这里停留了四天，从早到晚，到处游逛，考察此地的地质情况。我住的地方，海拔约600米，天气寒冷，不时刮着大风或者下着阵雨，有时还会突然来一团乌云，遮住整个景象。

岛中央的高地绿色植物生长良好，而高地下面的山谷里却一片荒芜。对于地质学家来说，这里是个有趣的地方，曾发生过持续的地质变化和复杂的地层运动。在我看来，圣赫勒拿岛从远古时期就是海岛，现在仍有一些证据证明大地还在抬升。我猜测，岛中央的最高峰曾是火山口的边缘，只是其南半部被海浪冲走了。外面有一层黑色的玄武岩，材质跟毛里求斯海岸的山脉一样，比岛中央的熔岩流还古老。岛的高处有许多贝类掩埋在土中，长久以来都被认为是海洋物种，但经过证实后，这些贝类是脂象甲属的一个物种，是形状奇怪的陆生贝类。在这里，我还找到了其他六个物种，又在另一处找到八个。需要注意的是，在发现的物种里，没有一个是存活到现在的。它们的灭绝也许是因为森林的整个毁灭。18世纪初，森林被毁坏，它们因此失去了食物和庇护所。

达尔文说　值得注意的是，我在圣赫勒拿岛上的一个地点发现的多种贝类与另一个地点发现的都是不同的物种。

圣赫勒拿岛在大西洋的中间，远离任何一个大陆，所以植物种类奇特，引发了我的兴趣。前面说的那八种陆生贝类（虽然现在已经灭绝）和一种琥珀螺，都是这里的本土物种，在其他地方看不到。卡明先生告诉我，这里常见一种英国大蜗牛，它们的卵随着某种外来的植物一起，被引进到这座岛上。他在海边收集了十六种海生贝类，其中七种只有本地才有。鸟类和昆虫我惊讶地发现，这些为数不多的昆虫中有一种小型蜉金龟和一两种二疣犀甲，它们大量存在于动物的粪便下。这座岛刚被人类发现时，除了一种鼠类，也许并不存在其他四脚兽，所以这些以动物粪便为食的昆虫究竟是不是偶然被引进的，就成为一个难以解答的问题。因为如果这些昆虫是土生土长的本地物种，那么它们以前以什么为食呢？拉普拉塔河岸上有着大量的牛群和马群，它们的粪便使草原土壤肥沃，但却找不到大量的食粪虫类。欧洲倒是有很多这类虫子。在拉普拉塔，我只看见一种二疣犀甲（欧洲的这类昆虫以腐烂的植物为食）和两种彩虹蜣螂。智鲁岛山脉的一侧有很多彩虹蜣螂（与上述两种不同），它们可以将粪便滚成球形，埋在土里。由此可以推论，这几种彩虹蜣螂在大量的牲畜引入南美洲之前，是以人类粪便为食的。欧洲的食粪虫类同时也是其他动物，甚至是大型动物的食物来源。这些动物的数量和种类都很多。因此，当我看到拉普拉塔平原上大量食粪虫的消失，就知道是人类的活动导致大自然中的食物链遭到破坏。我在范迪门地还发现了四种粪蜣螂、两种蜉金龟以及一种生活在牛粪下的属，而这里的牛只被引进了33年。在引进物种来到这里之前，范迪门地的四脚兽只有袋鼠和其他一些小型动物，它们的粪便性质和这些引进物种的粪便性质是不一样的。英国的食粪虫类的食物偏好从未改变，所以范迪门地这里发生的食粪虫类食物偏好的改变，是一种极其特殊的情况，值得我们注意。这里，我要对霍普牧师表示衷心的感谢，如果没有他，我就无法得知这些昆虫的名字，所以请允许我称他为昆虫学导师。

如想象的一样稀少。说实话，我认为所有的鸟类都是这些年引进过来的。鹧鸪和野鸡数量庞大，但这座岛太像英国了，并没有严格遵守狩猎的规定。听说，这里违法打猎的现象比英国还严重。也有相反的例子：在海边的岩石上有一种植物，穷人以前经常采集，烧成灰烬，再从灰烬中提取苏打，以此为生。后来政府颁布了禁令，理由是鹧鸪需要这种植物来筑巢。

几天以来，我都在圣赫勒拿岛的岩石和山岭间散步，这让我非常愉快，所以14日上午离开小镇时，我有些留恋不舍。中午之前，"小猎犬"号扬帆起程。

阿森松岛

7月19日，我们到达阿森松岛。但凡见过火山岛干旱情况的人，都能想象出阿森松岛的模样。圆锥形的山丘，明亮的岩壁，寸草不生，山顶被截去一段，耸立在黑色、陡峭的火山岩之上。小岛的中央有一座小山，那是主要的山峰，四周有几座小很多的山峰。小山的名字叫绿山。每年到这个时候，从船上望去，都能看到一抹淡淡的绿色，因而得名。汹涌澎湃的海浪不断地拍打着岸边的黑色岩石，看上去更平添了几分凄凉。

次日清晨，我们登上约852米高的绿山，并从那里步行穿过岛屿，去迎风面的岬角。主峰附近有房屋及农田，还有修得很好的马路，通往海边的定居点。路边有标记，还有蓄水池，口渴的行人可随意饮用。岛上的其他设施也得到了类似的处理，特别是在泉水的管理上，一滴水也不会被浪费。实际上，这座岛上的管理可以与一艘井井有条的大轮船相媲美。在如此悠闲的条件下，当地人还能通过积极的劳动，营造出意想不到的效果，真令人敬佩。然而，对于他们把心血花在无关紧要的地方这种情况，我又觉得有些惋惜。有人曾说过一句公道话，也只有英国人想把阿森松这样贫瘠的地方变成一个富饶的地方，换个国家的人，只会把它建成一座海上堡垒。

海岸线一带寸草不生，往陆地走，偶尔还能看见绿色的蓖麻，还有几种蚱蜢，算得上是荒漠里的典型动物了。中央高地稀稀拉拉地长着野草，看起来很像威尔士山脉最贫瘠的地带。虽然牧草不多，却养活了很多牲畜。这里约有600只绵羊，若干只山羊，还有一些牛马，都长得很壮实。至于本土动物，陆生蟹和老鼠不计其数，举目皆是。老鼠是否是本土特有的品种，还有待考证。沃特豪斯先生曾经说过两种老鼠的变种，一种毛发呈黑色且有光泽，生活在有草的山顶；另一种毛发很长，呈棕色且无光泽，生活在海边的定居点附近。这两个变种，体形比家里常见的老鼠小三分之一，毛发和皮毛的质地也完全不同，其他方面却很类似。我相信，这些老鼠也是从外面引进

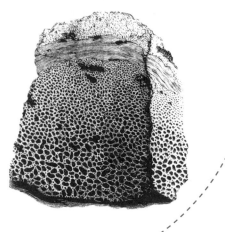

的品种，而且像加拉帕戈斯群岛一样，随着环境变化，物种也发生了相应的变化。所以，岛中山顶上的变种与海边的变种不同。这里没有本土鸟类，不过有很多从佛得角群岛引进的珍珠鸡，家养的鸡也放野了。有好几种猫，本来是放到野外捕杀老鼠的，现在不断繁殖，已经成灾了。整座岛上没有一棵树。从这一点来说，这座岛远远比不上圣赫勒拿岛。

这座岛的地质情况很有意思。我在好几处都找到了很多"火山弹"，也就是大块的 火山熔岩 。当它们还是液体时被喷射出来，之后凝结成球形或者梨形的火山石。它们的外部形态和内部组织都表明其在空中飞行时是旋转的。打开一个火山弹来看，其内部构造非常有趣。从图中可以清晰地看到，火山弹内部中央是粗大的蜂窝状；越向外，孔越小；外面还有一层硬壳，厚八九毫米，由密实的石头构成；之后还覆盖了一层孔径细密的熔岩，这也是最外层。据我推测，它是这样形成的：首先，外层硬壳迅速冷却，变成现在看到的模样；其次，包裹在硬壳中的液体旋转，产生离心力，压向已经冷却的外壳，这样就产生了那层石头外壳；最后，中间的部分压力减轻，内部的空气膨胀，形成了中央粗大的蜂窝状物质。我想这样的推断应该准确无疑。

重回巴西

之后，"小猎犬"号离开阿森松岛，直奔巴西海岸的巴伊亚，为了完成环绕地球一圈的精密计时测量。8月1日，我们抵达那里，并停留四天。在此期间，我进行了好几次长途旅行。虽然没有新的发现，但我对热带地区的风景依然有兴趣。这里的风景简单，却也值得一说，它们也证明了自然之美来自最微小绝妙的细节。

8月6日下午，我们起程前往佛得角群岛。由于逆风，我们耽误了行程，8月12日还进入伯南布哥躲避暴风。伯南布哥是巴西海岸的大城市，位于南纬8°。我们在珊瑚礁外面抛锚，没多久就有一个引航员上船，带我们进入港口，停在城市附近。

伯南布哥修建在低矮而狭长的沙洲上，沙洲被浅滩水道分隔开。城市分为三个区域，由两个建在木桩上的桥连接在一起。城市到处都不讨人喜欢，街道狭窄，路面起伏，散发着臭气，房屋高大阴暗。这个季节，大雨不停地下，周围地区地势低洼，满是积水。好几次我都想出去旅行，但都没有成功。

回到英国

8月19日，"小猎犬"号离开巴西海岸，并于8月31日再次停靠在佛得角群岛的普拉亚港。然后，我们继续航行至亚速尔群岛，并在那里停留了六天。10月2日，我们回到英国海岸。我在 法尔茅斯 离开"小猎犬"号，至此我在这艘船上生活了近五年。

> 法尔茅斯：位于英国西南部的康沃尔郡。

这次环球航行终于结束了，我要回顾一下此行中的得与失。假如有人在长途旅行前来询问我的看法，我会告诉他，这主要看他对某方面的专业知识是否很感兴趣，并且通过长途旅行能否得到进步。毋庸置疑，了解异国风情和民俗总能让人满足，但一时的满足并不能弥补所受的痛苦。无论果实距离自己有多远，只要摘下来，就能有所得，我们都要期待能取得这种收获。

长途旅行还能给人带来几种合理的快乐。世界地图不再是抽象的，它成为一幅多姿多彩、活生生的图像。每个地方从此都有了合适的尺度，大陆看起来不再像岛屿，岛屿也不仅仅是小黑点。实际上，一些岛屿比欧洲的许多国家都要大。非洲、南美洲、北美洲，听上去顺耳，读起来也很容易，但要不是沿着海岸航行几星期，你不会明白，这些名字之下的地方究竟占去了地球多大的空间。

在南半球行走一圈，看它现在的状况，忍不住会期待整个南半球的人类进化过程。基督教进入南半球的各个岛屿，其促成的人类进步将会名垂青史。60年前，库克船长的远见卓识令人敬佩，但他也无法预见未来的改变。而今，这些改变被大不列颠民族的博爱精神实现了。

在地球的南半球区域内，澳大利亚日渐兴起，或许说它已经崛起了，并且成为一个伟大的文明中心。在不远的未来，它会成为控制南半球的女王。作为一个英国人，看到这些遥远的属地取得的成就，不得不为它骄傲和自豪。只要升起英国国旗，就能带来美好的东西，比如财富、繁荣与文明。

对于此次行程，我倍感愉悦，忍不住向所有博物学家推荐。也许不是每个人都像我这般好运，有诸多良师益友相伴，但也要抓住机会，开始旅行。旅行尽可能走陆路，实在不行再走水路。我可以保证，除了极少数情况，旅行一般都不会遇到艰难险阻。从道德的层面来讲，旅行能磨炼人的性情和耐心，让人摆脱自私的想法，养成自力更生的好习惯，并善于利用每一次机会。总而言之，旅行者应该具有海员的独特品质。旅行既能让人不再轻信，但同时也能发现世界还是善良的人占多数。这些人我以前没有遇到过，以后也可能不会再重逢，但他们仍愿意提供真诚无私的帮助。